无公害蔬菜病虫鉴别与治理丛书

主编 郑永利 闫成进 谢以泽

瓜果类蔬菜病虫原色图谱

（第二版）

浙江科学技术出版社·杭州

版权所有　翻印必究

图书在版编目（CIP）数据

瓜果类蔬菜病虫原色图谱/郑永利，闫成进，谢以泽主编. —2版. —杭州：浙江科学技术出版社，2023.10
（无公害蔬菜病虫鉴别与治理丛书）
ISBN 978-7-5739-0893-3

Ⅰ. ①瓜… Ⅱ. ①郑… ②闫… ③谢… Ⅲ. ①瓜类蔬菜—病虫害—图谱 Ⅳ. ①S436.42-64

中国国家版本馆CIP数据核字（2023）第203911号

丛书名	无公害蔬菜病虫鉴别与治理丛书		
书　名	瓜果类蔬菜病虫原色图谱（第二版）		
主　编	郑永利　闫成进　谢以泽		
出版发行	浙江科学技术出版社 网址：www.zkpress.com 地址：杭州市体育场路347号 邮政编码：310006 销售部电话：0571-85176040 编辑部电话：0571-85152719 E-mail：zkpress@zkpress.com		
排　版	杭州万方图书有限公司		
印　刷	杭州捷派印务有限公司		
经　销	全国各地新华书店		
开　本	890mm×1240mm　1/32	印　张	6
字　数	156 000		
版　次	2023年10月第2版	印　次	2023年10月第1次印刷
书　号	ISBN 978-7-5739-0893-3	定　价	30.00元

责任编辑　詹　喜	责任美编　金　晖
责任校对　李亚学	责任印务　吕　琰

"无公害蔬菜病虫鉴别与治理丛书"
编辑委员会

策　　划	E农公社创作室
顾　　问	陈学新
总 主 编	郑永利
副总主编	吴华新　姚士桐　王国荣
总 编 委	（按姓氏笔画排序）

王国荣　冯新军　朱金星　许方程　许燎原
李罕琼　李俊敏　吴永汉　吴华新　吴降星
汪炳良　汪恩国　陈桂华　周小军　郑永利
姚士桐　曹婷婷　章云斐　章初龙　董涛海
蒋学辉　童英富　谢以泽　詹　喜　鲍剑成

《瓜果类蔬菜病虫原色图谱（第二版）》
编著人员

主　　编	郑永利　闫成进　谢以泽
副 主 编	滕　玲　吴慧明　汪宽鸿
编著人员	（按姓氏笔画排序）

王　勇　王斯亮　冯晓晓　闫成进　吴慧明
汪宽鸿　沈群超　陈若男　陈金芝　郑永利
葛芙蓉　谢以泽　蔡新仪　滕　玲　潘苏峰

普及植保技术，发展效益农业

程渭山
二〇〇五年春书

（程渭山：原浙江省农业厅厅长）

绿色植保
让农产品
更安全

为《无公害蔬菜病虫鉴别与治理丛书》题

健东

(林健东:浙江省农业农村厅原厅长)

第二版说明

在浙江科学技术出版社的大力支持下,《瓜果类蔬菜病虫原色图谱(第二版)》即将出版发行。虽然称之为第二版,但无论是从技术内容看,还是从病虫图片看,这都是一本全新的瓜果类蔬菜病虫害防治科普图书。新版图书与第一版最大的关联就是秉承了"面向基层、面向群众"的创作理念和图文并茂的创作手法,紧贴生产,不忘初心,始终追求"一看就懂、一学就会、一用就灵"的创作效果。

新版图书共收录48种瓜果类蔬菜常见病虫害和232幅高清数码图片,并根据最新研究成果对病虫防治技术进行了全面修订,大力倡导应用绿色防控技术和产品,确保瓜果类蔬菜的高效、安全生产。新版图书采用当前国际通用的《国际藻类、菌物和植物命名法规》《国际细菌命名法规》和国际植物病毒分类系统等对瓜果类蔬菜病原菌的分类进行了重新修订。此外,根据生产实际需求,增设了"专家提醒""农药残留最大限量标准""绿色防控常用药剂索引"等模块,对瓜果类蔬菜生产中的常见技术难题、质量风险关键控制点等进行重点剖析或特别提示,以期更好地服务生产。

作者

2023年4月

序（第一版序）

蔬菜是人们日常生活中必不可少的食物，也是我国出口农产品的重要组成部分。随着效益农业的蓬勃发展以及农业种植结构的不断调整，蔬菜种植面积逐年扩大，蔬菜栽培已成为我国农业生产中仅次于粮食生产的第二大种植产业。

然而，由于蔬菜品种繁多，栽种方式多样，且耕作制度复杂，也为各种有害生物的发展提供了丰富多样的食物和环境。有害生物种类多、为害重是蔬菜生产的一个特点，病虫为害已成为影响蔬菜生产发展的重要障碍。长期以来，由于蔬菜病虫暴发、为害所引起的经济损失，消费者对蔬菜外观品质的追求，以及使用农药所获得的经济效益，驱使农户转向依赖于大量施用化学农药防治病虫为害，以期为市场提供外观较为完美的蔬菜。然而，长期大量施用农药，严重削弱甚至毁灭了蔬菜作物生态系统的自然控制作用，使一些原来并不对蔬菜引起经济损失的病虫，例如小菜蛾、甜菜夜蛾、斜纹夜蛾等，种群数量上升，成为主要害虫，并引起严重为害。近年来，随着国际贸易活动的增长，一些原来本地并不存在的有害生物，例如斑潜蝇、烟粉虱等，也被人为或货物夹带，传入本地区发生、为害。此外，蔬菜品种的增多和栽种方式的变化也为一些病虫害提供了发生的机会，逐步成了主要病虫害，例如西兰花黑茎病、豆荚潜蝇、毛胫夜蛾和菜螟等。因此，蔬菜病虫种类越来越多，为害不断加重，防治难度日益加大。

近年来，随着科学的不断发展，人们对食品中化学、生物污染物对健康可能造成伤害的认识不断加深，如何避免农产品中的各种污染，保证食用蔬菜对人类的安全性,已成为社会关注的热点。因而,人们对蔬菜品质的要求已从外观是否完美转向内在是否安全。于是,生产上提出了无公害蔬菜的概念,即农药残留等有害污染物质的含量在国家有关规定的允许范围内,长期食用不会对人类健康产生明显不良影响的商品蔬菜。

  蔬菜作物生态系统的改变和无公害蔬菜概念的提出,对蔬菜病虫害防治工作的决策能力提出了更高的要求。例如,在田间根据所采集到的病虫为害症状、各种生物样本,结合农田的生态环境,正确识别引起为害的病虫种类的能力;了解各种病虫害的发生规律和特点,根据所处的生态环境条件,正确分析病虫害发生趋势的能力;掌握农药科学使用准则,以及无公害蔬菜生产中禁用农药的有关规定,在必要时正确决策是否必须使用农药,如何合理使用农药以避免经济损失的能力。

  根据无公害蔬菜生产发展中的这些需求,作者组织了一批在无公害蔬菜生产第一线工作的科研和技术推广人员,通过多年的调查和实践,在实地拍摄了大量高质量的照片资料,在经过精心准备、总结丰富实践经验的基础上,编撰出版了"无公害蔬菜病虫鉴别与治理丛书",为发展无公害蔬菜生产做了一件实实在在的大好事。本套丛书从无公害蔬菜生产的实际出发,针对农户在实际生产中可能碰到的问题,抓住病虫识别和治理决策这两个重要环节,按蔬菜类别,以大量的照片资料,结合简要的文字说明,介绍了在蔬菜作物上发生的数百种病虫种类(其中有些种类还是首次介绍)的有关知识,同时,还介绍了一些与无公害蔬菜生产相关的规定,内容丰富,通俗易懂,图文并茂,颇具匠心。我深信,本套丛书的出版一定会对无公害蔬菜生产的发展起到重要的推动作用。

2005年春

回首二十年（代序）

"韶华如梦惊觉醒，十年弹指一挥间。"距第一版图书出版发行已经17年，倘若从构思的那一刻算起，已有20个年头了。

事实上，在浙江大学攻读在职研究生期间，由于研究植保专家系统需要，我收集并整理了大量文献资料和科研成果，并结合生产实际进行了分类归纳。在此过程中，夜以继日地研读与分析各种资料，日积月累，并内化于心时就产生写书的念头。然而，我始终没有付诸行动，不仅是因为对自己的能力和水平缺乏足够的信心，更纠结的是以什么样的形式来编写真正意义上的科普图书。

我的创作灵感来源于2000年夏天短期访问澳大利亚昆士兰基础产业部时与当地昆虫科普读物的邂逅，以及与布莱文女士关于农技科普推广方面的交流。在从悉尼返程的飞机上，我深深地陷入了冥想，那些一闪一闪的火花慢慢地在脑海中凝聚起来，变得愈来愈清晰。

当年令我兴奋不已的灵感，简单地说，就是本套图书的受众定位、表达方式和实现路径。20世纪末是浙江省农业种植结构调整最为显著的时期，彻底改变了以往"以粮为纲"的单一种植传统方式，"精、特、优"果蔬种植业迅猛发展，浙江省蔬菜播种面积在三五年内由两三百万亩增加到千万亩以上，并且"一乡（镇）一品"等规模化、集约化经营模式不断涌现，同时，种植结构调整催生了一批新型农业经营主体——种植大户，他们亟须新技术的科学普及。因此，本套图书最大的读者群

注：1亩≈667平方米。

就是他们，图书就定位为"面向基层、面向群众"。当时突如其来的想法，如今看来却是如此的精准。正是这"两个面向"的定位，使得本套图书的创作与发行水到渠成。自"无公害蔬菜病虫鉴别与治理丛书"出版以来，数十次重印，累计发行几十万册，彻底摆脱了农业科普图书印次、印量少，甚至首次印刷的千余册还束之高阁或置于仓库旮旯的窘境。

既然本套图书是"面向基层、面向群众"，那就得让农民"读得懂"。因此，图文并茂和通俗易懂的表达方式便成了本套图书的不二选择。虽然在如今的读图时代，这早已成了各类读物的基本形式，但当我们穿越时空回到17年前，要真正做到这一点却不是件容易的事情。那时候的植保科普图书基本以文字描述为主，所谓的"图"是指图书中少得可怜的插图，那都是一些资深的老先生们纯手工绘制的黑白点线图和彩色模式图。能在图书的前面和后面集中插入一些用胶片相机拍摄的小尺寸的病虫图片，那都是凤毛麟角了。这主要是受当时技术、交通以及观念等多方面的局限所致，特别是胶片摄影的拍摄容量以及无法"即拍即见"的制约，使得系统地获取病虫生态图像并以一病（虫）一图甚至一病（虫）多图的形式逼真地再现田间病虫为害场景，变得异常困难。

如何在胶片摄影时代实现图文并茂地表达图书内容，也就是实现路径，成为创作灵感落地生根的关键所在。可能是那段时间经常琢磨专家系统的缘故，脑海中突然就冒出了"群集法"这个方法。于是，我开始寻找志同道合的小伙伴一起组建创作团队，最终团队规模达50余人。俗话说"众人拾柴火焰高"，以人海战术、抱团作战的方式，以种植结构调整为主线，针对重点作物、重点时期、重点病虫害开展群集拍摄，不怕重复，只怕漏拍，以人力集聚跨越时空局限，以智力集聚突破水平有限。而正当我和小伙伴们背着海鸥、理光牌胶片相机，揣着柯达、富士胶片，热火朝天地拍摄病虫害图片时，一场以计算机应用为核心的信息技术革命悄然而至。

20世纪90年代，享受着包房、空调、地毯等优厚待遇的电脑，终于走出深闺大院，进入寻常百姓家庭。DOS、金山WPS时代终结，微软的经典作品Windows 98、Office成为日常办公新助手。随之而来的数码相机、大容量存储器、便携式电脑等，更为系统地实地采集大量病虫图片提供了极大的便利，而这恰恰也是本套图书创新的关键。于是，小伙伴们"鸟枪换炮"，纷纷扛起索尼、佳能数码相机，带着存储卡，背着笔记本电脑，再次出征，深入田间地头，只拍烂菜、烂叶，不屑美景风情。

图文并茂仅仅解决了"读得懂"，而我更希望图书让农民真正"用得上"。只有源于实践而又高于实践的先进、实用且便捷的技术，才是农民真正渴望的"用得上"的技术。因此，创作团队在继续大量实地采集原创图片的基础上，又以各类科研项目为依托，开展大量的观测调查、试验示范、技术创新和成果转化等工作。很多疑难病虫害被陆续送到浙江大学、中国农业科学院等单位，请专家、学者鉴定，对很多病虫的生物学特性、灾变规律、影响因子等开展进一步调查，在此基础上，高效环保的防控技术在田间不断试验成功。

在忙忙碌碌的工作中，岁月无痕流逝，图书素材也日益丰富，这些均来自创作团队长年累月泡在田间地头精心收集的第一手资料。经初步筛选获得的高清数码图片达数万幅，把20G容量的移动硬盘塞得满满当当。此外，还有一摞摞的田间试验报告以及中澳农业合作项目、省级重大攻关项目等各类科研成果。面对案头堆得高高的资料，大功即将告成的喜悦油然而生，但紧接着的是前所未有的紧迫感，甚至还有一丝不安。

广受农民喜爱是农业科普读物的内在生命力，而市场才是检验科普读物生命力最有力的依据。因此，本套图书定位不仅要让农民"读得懂""用得上"，还要让农民"买得起"。创作团队针对种植大户和基层农技人员专门设计了两套调查问卷，进村入户，广泛调研农民在生产中遇到的技术难题和困惑，以及他们最喜欢的图书编排风格和易于接受的价格等。当攒足了400多份问卷时，本套图书最终的内容选取、编撰排版、装帧形式及定价才跃然而出。厚厚的"大部头"设想被推翻，更改为以作物为主线的若干小分册。在各小分册中以为害度为标准确定病虫种类，采取以图配文形式编排。本套图片选择上既注重典型症状的局部特写，又呈现严重为害时的田间场景，让图书因丰富、典型的图片而活起来。

所谓"无巧不成书"，本套图书进入最后编撰阶段时，我再次访问澳大利亚昆士兰。为不影响图书如期发行，在创作团队的基础上又组建了核心工作小组，明确编写流程。主编负责各分册的初稿起草和图片选择等工作，初稿完成后，不同分册主编相互交换样稿，相互挑刺找碴。互校的范围很广、很细致，耗费的时间也很长。在技术上要求先进、可行且便于操作，在图片上要求典型、准确、清晰，在文字表达上要求通俗易懂且精练、通顺，甚至拉丁文、错别字、标点符号都由专人负责校验。按照编写流程，每位主编须在规定时间内完成各自承担的工作任务，最后由多名主编联合对样稿逐字逐句地审订。每个分册的样稿都至少经历3个月的反复修改，最终交付出版社。在有序的流转中，文稿慢慢蝶变，最终破茧而出。

2005年春季到秋季，全套图书各分册陆续出版发行。由于图书定位准确，编写特色鲜明，所以一经出版就受到广大农民的欢迎，并先后荣获浙江树人出版奖、华东地区科技出版社优秀科技图书一等奖、中华农业科技科普奖、国家科学技术进步奖二等奖，入选国家新闻出版总署首届"三个一百"原创图书工程和中国科协"公众喜爱的优秀科普作品"。承蒙读者厚爱，尽管十多年过去了，图书依然不断地在修订重印，至今仍普遍见于全国各地书店和农家书屋。为更好地服务读者，自

2012年以来，我曾多次想对图书内容重新进行深度的修改与完善，以期为新形势下蔬菜安全生产再出一份绵薄之力。实在是囿于精力、能力所限，一直到今天才得以实现。更大的纠结却与17年前非常相似，那就是农业科普图书的创作手法如何与时俱进以适应新常态，特别是在手机已成为最主流的阅读工具的今天，农业科普图书该如何创新，并让人眼前一亮，为之一振。纠结数年，百思不得其解，只好先放下了。但愿在日后能机缘巧合，灵光乍现，一朝顿悟，到时再以飨读者。

青春是人生中一道洒满阳光的风景。小伙伴们，还记得那年春天吗？几乎每天晚上我们都跨越大洋的时空差异，互相交流，互相激励，引起共鸣。曾经是何等意气风发、激情洋溢！蓦然回首，如今已人到中年，两鬓渐白，感慨万千。借图书再版之际，衷心感谢十余年来风雨同舟、携手共进的小伙伴们！更由衷感恩一路上给予我们关爱、呵护的长者和挚友们！并以拙作深切悼念恩师程家安先生。

2017年仲夏初成于遂昌
2023年惊蛰修订于杭州

CONTENTS 目 录

黄瓜猝倒病……………… 1
黄瓜霜霉病……………… 5
黄瓜疫病………………… 10
黄瓜白粉病……………… 15
黄瓜枯萎病……………… 20
黄瓜炭疽病……………… 24
黄瓜蔓枯病……………… 27
黄瓜灰霉病……………… 31
黄瓜菌核病……………… 34
黄瓜细菌性角斑病……… 38
黄瓜病毒病……………… 42
黄瓜根结线虫病………… 45
瓠瓜褐斑病……………… 48
瓠瓜白粉病……………… 51
瓠瓜灰霉病……………… 54
瓠瓜枯萎病……………… 58
瓠瓜蔓枯病……………… 61
瓠瓜病毒病……………… 64
丝瓜白粉病……………… 67
丝瓜霜霉病……………… 69
丝瓜绵腐病……………… 70
丝瓜病毒病……………… 72
丝瓜根结线虫病………… 75
南瓜白粉病……………… 76
南瓜疫病………………… 79
南瓜霜霉病……………… 83
南瓜病毒病……………… 84
西葫芦白粉病…………… 88
西葫芦疫病……………… 91
西葫芦菌核病…………… 93
西葫芦病毒病…………… 95
冬瓜蔓枯病……………… 98
冬瓜绵腐病……………… 101
苦瓜白粉病……………… 102
苦瓜根结线虫病………… 105
美洲斑潜蝇……………… 106
南亚果实蝇……………… 110
烟粉虱…………………… 114
瓜蚜……………………… 119
棕榈蓟马………………… 123
朱砂叶螨………………… 126
黄足黄守瓜……………… 129

CONTENTS

黄足黑守瓜……………… 134　　甜菜夜蛾……………… 145
瓜绢螟………………… 136　　银纹夜蛾……………… 147
斜纹夜蛾……………… 141　　葫芦夜蛾……………… 149

● 附　录

一、蔬菜作物禁(限)用的农药品种*……………………………… 152
二、瓜类蔬菜农药最大残留限量标准……………………………… 153
三、黄瓜农药最大残留限量标准…………………………………… 157
四、冬瓜农药最大残留限量标准…………………………………… 161
五、南瓜农药最大残留限量标准…………………………………… 161
六、丝瓜农药最大残留限量标准…………………………………… 162
七、苦瓜农药最大残留限量标准…………………………………… 163
八、西葫芦农药最大残留限量标准………………………………… 163
九、瓜果类蔬菜病虫绿色防控常用药剂索引表…………………… 165
十、配置不同浓度药液所需农药换算表…………………………… 171
十一、国内外农药标签和说明书上的常见符号…………………… 172

● 主要参考文献

黄瓜猝倒病

猝倒病，俗称"卡脖子""小脚瘟""掉苗"等，是冬春季黄瓜苗期常发病害之一。

■ 为害症状

黄瓜猝倒病主要为害未出土或刚出土不久的幼苗，大苗很少被害。未出土幼苗染病，表现为烂种、烂芽。出土幼苗染病，近地表的胚轴基部出现暗绿色水渍状病斑，很快变成淡黄色至黄褐色；当病斑绕茎1周后，病部迅速缢缩成线状，引起幼苗突然猝倒、贴伏于地面，而子叶往往尚未萎蔫；最后病部变成褐色。高湿条件下，在病残体表面及其周边土表可见一层白色棉絮状菌丝。病情严重时，造成幼苗成片猝倒。

染病幼苗近地表的胚轴基部出现暗绿色水渍状病斑

发生特点

染病幼苗近地表胚轴缢缩成线状，病苗倒伏，但子叶不萎蔫

染病幼苗子叶逐渐萎蔫，但仍保持绿色

此病主要由藻物界卵菌门瓜果腐霉 *Pythium aphanidermatum* (Edson) Fitzp. 侵染所致。病菌以卵孢子、菌丝体等随病残体在12～18厘米表层土壤中越冬。翌年春季环境条件适宜时，卵孢子萌发产生孢子囊和游动孢子，游动孢子借助雨水或灌溉水传播到幼苗上，长出芽管从茎基部侵入。此外，在土壤中营腐生生活的菌丝也可产生孢子囊和游动孢子，从土表侵害幼苗从而引起猝倒。发病后，病残体上的病菌产生新生代的孢子囊及游动孢子，借助灌溉水或雨水反溅

到近地面的根茎上，引起再次侵染。

病菌喜低温高湿环境。地温达到10℃时即可发病，病菌生长发育的最适地温为15～16℃，孢子囊和游动孢子形成的适宜温度为18～20℃，地温高于30℃时病菌生长受到明显抑制。

黄瓜猝倒病为害幼苗，初始不表现出明显症状，出苗后5～7天开始出现病斑，最初在田间多为零星发病，几天后以发病株为中心，向四周扩展，病情蔓延迅速。当幼苗子叶养分已用完，真叶尚未长出，新根尚未扎实之前是植株感病敏感生育期，3片真叶后较少发病。田块间连作地、地势低洼、土质黏重、管理粗放等田块发病重。栽培上

湿度高时，病部及附近土表可见白色絮状物

环境条件适宜时，病情迅速蔓延，造成块状成片倒伏

使用未经消毒的旧床土育苗、施用未腐熟的肥料、播种过密、分苗与间苗不及时、苗床保温差、长期捂盖、通风透气不及时、苗床低温高湿等情况发生时则易发病。育苗期间如遇寒流低温、持续阴雨、日照不足等天气发病重。

防治要点

①选择地势高燥、排水良好地块作苗床,并用土质肥沃的无病新土育苗。②苗床消毒。用老菜园土育苗,播前可用50%多菌灵可湿性粉剂或50%福美双可湿性粉剂10～15克,兑细干土10～15千克制成药土,播种时将2/3的药土用于垫底,1/3的药土用于覆盖种子。③种子处理。可用55℃温水浸种30分钟;也可选用50%福美双可湿性粉剂300倍液,或68%金雷(精甲霜·锰锌)水分散粒剂500倍液等浸种,或用种子重量0.3%的上述药液拌种。④加强管理。调控苗床气温至25～30℃、土温至15℃左右,下午视气温适时盖膜保温。当塑料薄膜或幼苗叶片上有水珠凝结时,及时通风降湿;阴雨天苗床湿度过高时,可撒施干草木灰,以降低苗床湿度。浇水应在晴天进行,尽量控制浇水次数。晴天及时揭膜通风透光。若发现田间出现零星病株,应及时拔除,带出苗床集中销毁。⑤药剂防治。发病初期,可选用68%金雷(精甲霜·锰锌)水分散粒剂600倍液,或50%阿克白(烯酰吗啉)可湿性粉剂1500倍液,或687.5克/升银法利(氟菌·霜霉威)悬浮剂1000倍液,或18.7%凯特(烯酰·吡唑酯)水分散粒剂600倍液,或60%达文西(氟吗啉·唑嘧菌胺)水分散粒剂1000倍液,或23.4%瑞凡(双炔酰菌胺)悬浮剂1000倍液,或72.2%普力克(霜霉威盐酸盐)水剂600倍液,或64%杀毒矾(噁霜·锰锌)可湿性粉剂500倍液等喷淋防治,每平方米喷药液2～3升,每隔7～10天施用1次,连续防治2～3次。重点喷淋发病中心周边植株,药后及时通风透气。

黄瓜霜霉病

黄瓜霜霉病，俗称"跑马干"，是黄瓜常发性重要病害。在适宜的温、湿度条件下，病害蔓延十分迅速，3～5天可造成大量叶片干枯死亡，严重影响产量。一般发生年份减产幅度在10%～20%，严重发生年份可达50%以上，个别重发田块可造成毁灭性损失。

为害症状

黄瓜霜霉病在苗期、成株期均可发生，主要为害叶片，环境条件适宜时也可为害茎和花序。

幼苗染病，子叶正面产生不规则的水渍状褪绿黄斑，潮湿条件下子叶背面病斑上产生灰黑色霉层，严重时子叶发黄干枯，幼苗死亡。

成株期叶片染病，自下而上逐渐发展蔓延，初期在叶片背面产生1至数个水渍状斑点，有时多达数十个，对应的叶片正面出现褪绿斑；3～5天

发病初期，叶片正面产生不规则褪绿黄斑

发病初期，叶片背面产生数个水渍状斑点

后病斑逐渐变为淡黄色或黄色，最后变为淡褐色，干枯。受叶脉限制，病斑呈多角形，边缘明显。潮湿条件下，叶片背面病部产生灰黑色霉层。严重时，多个病斑连接成片，全叶变为黄褐色，干枯，甚至整株死亡。

发生特点

严重发病时，叶片背面水渍状斑点多达数十个

叶面病斑逐渐变为淡黄色至黄色

此病由藻物界卵菌门寄生无色霜霉 *Hyaloperonospora parasitica* (Pers.) Constant. 侵染所致。病菌以土壤和病株残体上的孢子囊及潜伏在种子内的菌丝体越冬或越夏。孢子囊随风雨进行传播，从寄主叶片表皮直接侵入，或从寄主的气孔侵入，引起初次侵染；以后借助气流和雨水传播，进行多次再侵染。

病菌喜温暖、高湿的环境。适宜的发病温度为10～30℃，最适宜发病的气候条件为温度15～20℃，相对湿度90%以上。叶面有水滴或水膜

叶面病斑最后变为淡褐色,干枯,受叶脉限制,病斑呈多角形,边缘明显

潮湿条件下,叶背病斑产生灰黑色霉层

发病严重时，多个病斑连接成片，全叶发黄

时病菌容易侵入和萌发。当温度在20℃左右，相对湿度80%左右，持续6～24小时，此病即开始发生蔓延。

浙江及长江中下游地区保护地栽培黄瓜霜霉病常年在3月上中旬始见，4月初至5月中下旬为发病盛期，个别暖冬气候年份1—2月就可在田间始见；露地栽培常年在4月上旬始见，5月上中旬至6月上中旬为发病盛期。黄瓜霜霉病一般在保护地发病重于露地，开花至结瓜期发病较重，栽培上定植过密、氮肥施用过多、开棚通风不及时、肥力差、地势低的田块发病重，春季多雨、多雾、多露且温度上升到20～25℃时，可迅速流行蔓延。

■ 防治要点

①选用抗病品种。②实行水旱轮作或与非葫芦科蔬菜作物轮作。③加强栽培管理。选择地势高燥、通风透光、排水性好的田块，采取深沟高畦栽培，施足有机肥，增施磷、钾肥，提高植株的抗病性。生长前期适当控制浇水次数。结瓜后及时摘除植株中下部老叶，增加田间通透性。加强温、湿度调控，晴天日出后及时通风，上午棚温控制在25～30℃，相对湿度以60%～70%为宜；下午棚温控制在20～25℃，相对湿度70%左右为宜。④高温闷棚。发病初期，选择晴天中午关闭棚膜，使棚内黄瓜生长点附近的温度上升到45℃，但不超过47℃，维持2～3小时，然后逐步通

风降温。闷棚处理时要求土壤含水量高，棚内湿度高，避免灼伤黄瓜生长点。⑤药剂防治。发病前，可选用80%大生（代森锰锌）可湿性粉剂600倍液，或70%品润（代森联）水分散粒剂500倍液，或60%百泰（唑醚·代森联）水分散粒剂800倍液，或68%金雷（精甲霜·锰锌）水分散粒剂500～600倍液等喷雾预防。发病初期，叮选用72.2%普力克（霜霉威盐酸盐）水剂600倍液，或50%阿克白（烯酰吗啉）可湿性粉剂1500倍液，或60%达文西（氟吗啉·唑嘧菌胺）水分散粒剂1000倍液，或47%德劲（烯酰·唑嘧菌）悬浮剂750倍液，或31%增威赢倍（噁酮·氟噻唑）悬浮剂1500倍液，或18.7%凯特（烯酰·吡唑酯）水分散粒剂600～800倍液，或53%富多宝（烯酰·代森联）水分散粒剂250～350倍液，或23.4%瑞凡（双炔酰菌胺）悬浮剂1000倍液，或687.5克/升银法利（氟菌·霜霉威）悬浮剂1000倍液，或68.75%易保（噁酮·锰锌）水分散粒剂800～1000倍液，或72%克露（霜脲·锰锌）可湿性粉剂600倍液等喷雾防治，每隔7～10天施用1次，连续防治3～4次；中等以上发生年份，每隔5～7天施用1次，连续防治4～6次。施药时均匀喷雾全株，重点喷雾植株中下部外围叶，施药后及时通风，并注意合理交替用药。

成株期发病多从中下部老叶开始，逐步向上蔓延

黄瓜疫病

黄瓜疫病是保护地栽培黄瓜常见病害,常在春季黄瓜结果盛期发病,损失严重。

为害症状

黄瓜疫病在整个生育期均可发生,可为害叶片、茎蔓、瓜条和根系。

幼苗期发病,初始常在嫩尖部位产生水渍状暗绿色病斑,后病部以上干枯;茎染病,多从近地面茎基部开始,初呈暗绿色水渍状斑,以后病部逐渐缢缩,最后全株萎蔫死亡,但不倒伏。

成株期发病,叶片初呈暗绿色水渍状斑点,后扩展为近圆形或不规则

叶片染病形成近圆形或不规则大型病斑,边缘不明显

潮湿时,整张叶片迅速腐烂下垂

干燥时,病斑变为青灰色,干枯后易破裂

近地面茎节受害，病部缢缩，造成上部植株生长萎蔫

嫩茎受害，病部缢缩，导致上部植株生长萎蔫

高湿条件下，往往有多处茎节受害，俗称"节节烂"

瓜果类蔬菜病虫原色图谱（第二版）

瓜条染病，病部出现暗绿色水浸状病斑，稍凹陷

高湿条件下，瓜条迅速皱缩腐烂，具浓烈的腥臭味，表面长出灰白色霉层

形的大斑，边缘不明显，潮湿时整张叶片迅速腐烂下垂，天气干燥时变青灰色，干枯后易破裂。瓜蔓染病，初期多在近地面处或嫩茎节部产生水浸状病斑，扩大后绕茎1周，病部缢缩，造成上部植株生长萎蔫、枯死；高湿条件下，往往有多处茎节受害，俗称"节节烂"。瓜条染病，病部出现暗绿色水浸状病斑，稍凹陷；高湿条件下，瓜条迅速皱缩腐烂，具有浓烈的腥臭味，表面长出灰白色霉层（即病菌孢子囊和孢囊梗）。

发生特点

此病由藻物界卵菌门甜瓜疫霉 Phytophthora melonis Katsura 侵染引起。病菌以菌丝体、卵孢子和厚垣孢子随病残体在土壤中越冬，翌年春季通过风雨、灌溉水传播。植株发病后，在病部产生大量孢子囊和游动孢子，借助气流传播，进行再侵染。

病菌适宜生长温度为8~40℃，在平均气温达到18℃时开始发病，发病适温为24~30℃。浙江及长江中下游地区发病盛期为4—5月，华北地区发病盛期为7—8月。多雨天气则发病重，大雨后骤晴则最易诱发病害暴发。连作、排水不良、浇水过多、施用未腐熟栏肥、通风透光差等田块发病较重。

防治要点

①实行非瓜类作物轮作3年以上。②种子处理。可选用72.2%普力克（霜霉威盐酸盐）水剂600倍液，或64%杀毒矾（噁霜·锰锌）可湿性粉剂300~400倍液等浸种，浸种30分钟后催芽。③采用嫁接技术。选用以圆瓠瓜或黑籽南瓜为砧木的嫁接苗。④加强田间管理。选择地势高燥、排水便利的田块，深沟高畦种植，地膜覆盖栽培。施用充分腐熟的有机肥。控制浇水次数，雨后及时排水，加强通风换气。若发现病株，应及时拔除离田并集中销毁。⑤药剂防治。在发病初期开始用药防治，每隔7~10天施用1次，连续防治3~4次，注意交替使用。药剂选用参照"黄瓜霜霉病"。

黄瓜白粉病

黄瓜白粉病是黄瓜的常见病害,发生普遍,一般减产10%左右,严重发生时减产20%~40%。

为害症状

苗期至收获期均可染病,主要为害叶片,其次为叶柄、茎蔓和花器,一般不侵染瓜条。

叶片染病,初始在叶片背面或正面产生白色粉状小圆斑,后逐渐扩大为不规则、边缘不明显的白粉状霉斑(即病菌菌丝、分生孢子梗和分生孢

发病初始,在叶片正面产生白色粉状小圆斑

发病初始，在叶片背面产生白色粉状小圆斑

子）。环境条件适宜时，病斑迅速扩大，连接成片，甚至布满整张叶片，后期白色粉状霉层老熟，变成灰白色，病部褪绿变黄，严重时病叶组织变为黄褐色而枯死。发病后期，有时病斑上会产生许多黑褐色小粒点（即病菌闭囊壳）。

茎蔓和花器染病，产生白色粉斑，症状与叶片类似，病斑较小。

发生特点

此病由真菌界子囊菌门瓜类单囊壳 Sphaerotheca cucurbitae (Jacz.) Z.Y. Zhao 和二孢白粉菌 Erysiphe cichoracearum DC. 侵染引起。在北方地区，病菌以闭囊壳随病残体在土壤中，或在保护地月季、瓜类作物等植株上越冬；在南方地区，以

随着病情发展，病斑连接成片，布满整张叶片

菌丝体或分生孢子在寄主上越冬、越夏。翌年环境条件适宜时，越冬的闭囊壳释放子囊孢子，或菌丝体上产生分生孢子，借助气流或雨水传播到寄

发病后期,病斑上产生许多黑褐色的小黑点,白色粉状霉层变成灰白色

发病严重时,病叶组织变成黄褐色,枯死

防治后,叶面白色粉层逐渐消退

黄瓜白粉病经防治后再次复发

主叶片上，侵入寄主形成初侵染，5天后形成白色粉状病斑，7天后成熟，产生大量分生孢子飞散传播，进行再侵染。

最适宜发病的气候条件为温度16~25℃，相对湿度80%以上。分生孢子萌发和侵染植物的适宜相对湿度为75%以上，相对湿度25%时也能萌发，但有水滴和水膜存在时则不利于分生孢子萌发。浙江地区保护地春黄瓜的发病盛期在4—6月，秋黄瓜在9月下旬至11月上中旬。通风不良、定植过密、氮肥施用过多、地势低洼的田块发病较重。

◆ 防治要点

①选用耐病品种。合理密植，加强通风透光；增施磷、钾肥；开沟排水，及时摘除病叶、老叶。②药剂防治。发病初期，可选用29%绿妃（吡萘·嘧菌酯）悬浮剂1500倍液，或42.4%健达（唑醚·氟酰胺）悬浮剂2000倍液，或38%凯津（唑醚·啶酰菌）水分散粒剂1000倍液，或42%英腾（苯菌酮）悬浮剂1500倍液，或10%世高（苯醚甲环唑）水分散粒剂1500倍液，或12%健攻（苯甲·氟酰胺）悬浮剂1000倍液，或43%露娜森（氟菌·肟菌酯）悬浮剂2500倍液，或62.25%仙生（腈菌唑·锰锌）可湿性粉剂300倍液，或36%卡拉生（硝苯菌酯）乳油1500倍液等喷雾防治，每隔7~10天施用1次，连续防治2~3次，注意交替使用。保护地还可进行烟熏处理，每50立方米用硫黄120克、锯末500克拌匀，分放几处，于傍晚点燃烟熏1夜，第二天清晨开棚通风。

专家提醒

白粉病极易对药剂产生抗性，特别要注意农药交替使用。露娜森（氟菌·肟菌酯）须避免与助剂、乳油、激素类等混用，气温骤降时慎用。温度高于35℃时，慎用卡拉生（硝苯菌酯）。

黄瓜枯萎病

黄瓜枯萎病又称蔓割病、萎蔫病等,是一种土传的维管束系统性病害,是黄瓜毁灭性病害之一,各地均有发生。黄瓜染病后常导致整株死亡,一般减产10%～30%,严重时可达80%～90%,甚至绝收。

■ 为害症状

黄瓜枯萎病在整个生育期均可发生,可为害植株各个部位,主要症状表现为植株萎蔫、枯死。

受害植株最初表现为晴天中午部分叶片萎蔫、下垂,傍晚至清晨恢复正常,持续一段时间后,不再恢复,全株萎蔫死亡

病茎横切面可见维管束变褐

发病植株根部活力下降,白根少,常产生琥珀色胶状物

病茎纵裂，病部溢出琥珀色胶状物

幼苗染病，子叶先变黄、萎蔫，茎基部缢缩，变褐腐烂，或呈立枯状。

成株期染病，最初表现为晴天中午部分叶片萎蔫、下垂，早晚恢复，萎蔫叶片自下向上逐渐增多，反复几次后不再恢复，4～5天后，全株萎蔫死亡。病株根系生长点呈失水状，须根少，变褐腐烂，易拔起。发病茎蔓软化稍缢缩、纵裂，有时病部溢出琥珀色胶状物，剖开病茎可见维管束变褐，高湿条件下节间病部常产生粉红色霉层（即病菌分生孢子）。

发生特点

此病由真菌界子囊菌门尖镰孢黄瓜专化型 *Fusarium oxysporum* f. *cucumerinum* J. H. Owen 侵染引起。病菌以菌丝、分生孢子和菌核等在种子或土壤中的病残体上越冬，成为翌年初侵染源。病菌可在土壤中存活5～6年。病菌借助雨水、灌溉水等传播，从根部伤口、自然裂口或根毛细胞侵入，也可从茎基部的裂口侵入，最后进入维管束，堵塞导管，造成叶片萎蔫。

病菌喜温暖、潮湿的环境，发病最适气候条件为气温24～27℃，相对湿度90%以上。土壤温度15℃时，潜育期约15天。黄瓜感病敏感生育期为开花结果期，浙江及长江中下游地区保护地栽培发病盛期为5—6月，秋季露地栽培发病盛期为9—10月。

长年连作、土壤湿度大、地下害虫多的田块发病重。时晴时雨或连续阴雨后骤晴，病害易流行。

防治要点

①选用抗病品种，与十字花科作物实行5~6年的轮作，提倡水旱轮作。②种子处理。选用50%多菌灵可湿性粉剂500倍液浸种1小时，洗净后再催芽、播种。③嫁接防病。用云南黑籽南瓜或当地的白籽南瓜作砧木，黄瓜苗作接穗，采用插接法进行嫁接。嫁接后置于小拱棚中保温保湿，控制白天温度28℃，夜间15℃，相对湿度90%左右，精心管理10~15天以利于成活。④加强田间管理。采用地膜栽培，提倡施用腐熟的有机肥，增施磷、钾肥和根外追肥，雨后及时开沟排水，保护地栽培注意通风透光，增强植株自身抗病能力。⑤药剂防治。当田间出现中心病株时，立即选用325克/升阿米妙收（苯甲·嘧菌酯）悬浮剂1200倍液，或560克/升阿米多彩（嘧菌·百菌清）悬浮剂600倍液，或46%可杀得叁千（氢氧化铜）水分散粒剂1000~1500倍液，或10亿CFU/克多粘类芽孢杆菌可湿性粉剂250倍液，或70%敌磺钠可溶粉剂300倍液，或10%多抗霉素可湿性粉剂500倍液，或68%噁霉·福美双可湿性粉剂750倍液，或30%甲霜·噁霉灵水剂1500倍液等，喷雾与灌根相结合，每穴浇灌药液250毫升，每隔7~10天1次，连续防治3~5次。

专家提醒

实行轮作是防治枯萎病简单、有效的方法，特别是水旱轮作效果更佳，所以生产上切忌连作，尽可能进行轮作。发病后采用药剂防治，总体防效不佳。生产上若受田块限制而无法轮作，则建议种植黄瓜嫁接苗进行预防。有条件的田块，也可采用生石灰或石灰氮开展土壤消毒处理。

嘧菌酯及其复配剂（阿米妙收、阿米多彩）须避免与乳油类农药和有机硅助剂混用。

黄瓜炭疽病

黄瓜炭疽病是黄瓜重要病害之一,分布广泛,春秋两季均有发生,一般减产10%~20%。除为害黄瓜外,还可为害瓠瓜、西瓜、冬瓜、甜瓜等多种作物。

▌ 为害症状

子叶受害,产生稍凹陷的圆形或椭圆形黄褐色病斑,边缘明显

黄瓜炭疽病在黄瓜整个生长期均可发病,以结果期发病较重,主要为害叶片,也可为害叶柄、茎蔓和瓜条。

幼苗染病,子叶边缘产生稍凹陷的圆形或椭圆形黄褐色病斑,边缘明显,病部粗糙。

成株期染病,叶片初始出现水渍状小斑点,后扩大成淡褐色近圆形病斑,周围常有黄色晕圈,往往连接成不规则形大病斑,微具轮纹;干燥时病斑中央容易穿孔破裂,潮湿时病部产生小黑点,流出粉红色黏液。叶柄、茎蔓和瓜条染病,出现近圆形黄褐色凹陷病斑,病斑中央产生小黑点,后期在病斑表面产生粉红色黏液。

发生特点

此病由真菌界子囊菌门瓜类炭疽菌 *Colletotrichum orbiculare* (Berk.) Arx 侵染引起。病菌主要以菌丝体和拟菌核随病残体遗留在土壤中或潜伏在种皮内越冬。翌年春季环境条件适宜时越冬病菌产生分生孢子盘,并产生大量分生孢子,成为初侵染源,病菌借助风雨、灌溉水、农事操作等传播。植株发病后产生大量分生孢子,引起再侵染。种子调运可造成远距离传播。

病菌喜温暖高湿环境,最适发病温度为20~27℃,相对湿度95%以上。在适宜的温、湿度条件下潜育期仅需3天。浙江及长江中下游地区黄瓜炭疽病多在保护地栽培中发生,发病盛期在5—6月和9—10月。土壤黏重、排水不良、偏施氮肥、光照不足和通风不良等田块发病重。

叶面病斑扩大成淡褐色近圆形病斑,微具轮纹,外围黄色晕圈

干燥时,病斑中央易穿孔、破裂

■ 防治要点

①选择抗病品种，实行与非瓜类作物2～3年轮作。②种子处理。用55℃温水浸种20分钟，捞出晾干后催芽播种。也可用50%福美双可湿性粉剂300倍液或50%多菌灵可湿性粉剂500倍液等，浸种20～30分钟，清水冲洗种子后再播种。③加强管理。实行高畦地膜覆盖栽培，控制氮肥用量，增施磷、钾肥。农事操作要在露水干后进行。保护地栽培上午适当闭棚，控制温度在30～33℃，下午及时通风排湿，防止棚顶滴水，相对湿度控制在70%以下。④药剂防治。发病初期，可选用400克/升锐收果香（氯氟醚·吡唑酯）悬浮剂1500倍液，或250克/升凯润（吡唑醚菌酯）乳油1500倍液，或325克/升阿米妙收（苯甲·嘧菌酯）悬浮剂1500倍液，或16%碧翠（二氰·吡唑酯）水分散粒剂750倍液，或35%露娜润（氟菌·戊唑醇）悬浮剂6000倍液，或75%拿敌稳（肟菌·戊唑醇）水分散粒剂3000倍液，或42.4%健达（唑醚·氟酰胺）悬浮剂2500倍液，或22.5%阿砣（啶氧菌酯）悬浮剂1500倍液，或10%世高（苯醚甲环唑）水分散粒剂1200倍液，或430克/升好力克（戊唑醇）悬浮剂4000倍液等喷雾防治，每隔5～7天施用1次，连续防治2～3次，注意交替使用。

专家提醒

黄瓜株高不足1米前慎用拿敌稳（肟菌·戊唑醇），谨防抑制生长点。露娜润（氟菌·戊唑醇）早期使用注意用药浓度，避免抑制生长点。黄瓜苗期和幼果期使用阿砣（啶氧菌酯）有药害风险，建议使用间隔期在15天以上。阿砣（啶氧菌酯）不能与乳油、有机硅等混配。

黄瓜蔓枯病

黄瓜蔓枯病是黄瓜主要病害之一，保护地栽培、露地栽培均有发生，发生严重时常导致整株死亡。一般减产15%～30%。除为害黄瓜外，还可为害瓠瓜、甜瓜、冬瓜、西葫芦和丝瓜等作物。

为害症状

黄瓜蔓枯病在黄瓜各生育期均可发生，主要为害茎蔓，也可为害叶片、瓜条及卷须等。

黄瓜蔓枯病菌从叶缘侵入，形成黄褐色至褐色"V"形病斑，表面密生小黑点

茎基部发病，病斑油浸状，表面着生小黑点，并溢出琥珀色胶状物

茎蔓染病，主要在茎基和茎节部位，初始产生油浸状小病斑，稍凹陷，逐渐扩大后呈椭圆形或梭形，往往围绕茎蔓半周至一周，纵向可长达几十厘米，病斑着生小黑点，病部龟裂，常流出琥珀色胶状物，表皮纵裂脱落，后期病斑变成黄褐色，病部干缩露出维管束，呈乱麻状，造成病部以上茎叶枯萎。

叶片染病，多从叶缘开始发病，形成黄褐色至褐色"V"形病斑，表面密生小黑点，干燥后易破碎。

此病以在病部产生小黑点为主要识别特征，茎部发病后表皮易撕裂，引起植株枯死，但维管束不变色，也不为害根部，可与枯萎病相区别。

发生特点

此病由真菌界子囊菌门黄瓜拟壳多孢 *Stagonosporopsis cucurbitacearum* (Fr.) Aveskamp, Gruyter & Verkley 侵染引起。病菌主要以分生孢子器或子囊壳随病残体在土壤中越冬，种子也可带菌传播。翌年春季环境条件适宜时，病菌从水孔、气孔、伤口等处侵入，引起初侵染。

病菌喜温暖、高湿的环境，最适发病温度为 20～25℃，相对湿度 85% 以上。浙江及长江中下游地区黄瓜蔓枯病发病盛期为 5—6 月和 9—10 月。

茎蔓病斑逐渐扩大，并往往围绕茎蔓半周至一周，纵向可长达几十厘米，后期病斑变成黄褐色

黄瓜蔓枯病田间为害状

田间通风不良、种植密度过大、排水不良、光照不足和空气湿度高等田块发病重。雨日多、忽晴忽雨等气候条件有利于病害流行。平畦栽培、缺肥以及瓜苗生长不良等会加重病情。

防治要点

①种子处理。用55℃温水浸种20分钟，或用50%福美双可湿性粉剂，以种子重量的0.3%拌种。②加强管理。实行与非瓜类作物2～3年轮作，最好实行水旱轮作；采用高畦地膜栽培；不使用前茬黄瓜上使用过的架材；增施有机肥，适时追肥，以防止生长中后期脱肥；保护地栽培要加强通风、透光和降湿度等工作，畦面应保持半干状态；露地栽培须防止大水漫灌；雨季加强防涝，降低土壤水分；发病后适当控制浇水，及时清除病残体，并带出田间销毁。③药剂防治。发病初期，可选用70%品润（代森联）水分散粒剂500倍液，或70%安泰生（丙森锌）可湿性粉剂300～400倍液，或10%世高（苯醚甲环唑）水分散粒600倍液，或325克/升阿米妙收（苯甲·嘧菌酯）悬浮剂1500倍液，或60%百泰（唑醚·代森联）水分散粒剂1500倍液，或70%甲基硫菌灵可湿性粉剂500倍液，或50%多硫胶悬剂500倍液等喷雾防治，每隔7～10天施用1次，连续防治2～3次，重点喷雾瓜苗中下部茎叶和地面。

专家提醒

对于零星发生的茎部病斑，可在发病初期削除茎部病斑，并选用430克/升好力克（戊唑醇）悬浮剂或50%多硫胶悬剂20～30倍液，与1.8%爱多收（复硝酚钠）水剂3000倍液混配，调制成糨糊状进行涂抹，有良好的防治效果。

黄瓜灰霉病

黄瓜灰霉病是保护地栽培黄瓜的常发性病害,分布广泛。一般减产20%~30%,发生严重的可达50%以上。除为害黄瓜外,还可为害番茄、茄子、辣椒、菜豆、莴苣、韭菜和大葱等多种作物。

为害症状

黄瓜灰霉病多从开败的雌花开始侵入,初始在花蒂产生水渍状病斑,逐渐长出灰褐色霉层,引起花器变软、萎缩和腐烂,而后逐步向幼瓜扩展。瓜条染病,先发黄,

黄瓜灰霉病从开败的雌花侵入,产生灰褐色霉层,造成花器变软、萎缩和腐烂,并逐步向幼瓜扩展

后期产生白霉并逐渐变为淡灰色,导致病瓜生长停止、变软、萎缩,最后腐烂脱落。叶片染病,病斑初为水渍状,后变为不规则形的淡褐色病斑,边缘明显,有时病斑长出少量灰褐色霉层;高湿条件下,病斑迅速扩展,形成直径为15~20毫米的大型病斑。茎蔓染病后,茎部腐烂,瓜蔓折断,引起烂蔓。

发生特点

瓜条染病,先发黄,后期产生白霉并逐渐变为淡灰色

黄瓜灰霉病菌从叶缘侵入,形成大型"V"形淡褐色病斑,并产生稀疏灰褐色霉层

此病由真菌界子囊菌门灰葡萄孢 *Botrytis cinerea* Pers. 侵染引起。病菌以菌核在土壤中或病残体上越冬、越夏。翌春环境条件适宜时,菌核萌发产生子囊盘释放出子囊孢子,或直接产生菌丝体、分生孢子梗和分生孢子,子囊孢子或分生孢子随气流、雨水、露水等传播,形成初侵染。病部产生霉层,并产生大量分生孢子,进行再侵染。

病菌喜温暖、高湿环境,最适宜发病的温度为20~23℃,相对湿度90%以上。浙江及长江中下游地区保护地栽培发病盛期在春季4—5月。

连续低温阴雨、光照不足天气多的年份,病害发生较重。定植过密、排水不良、通风透光差的田块发病严重。

防治要点

①加强栽培管理。保持棚面清洁,增强光照;避免在阴雨天浇水,防止大水漫灌,最好选在晴天上午浇水。大棚及时放风,降低空气湿度。②清除病残体。及时摘除病叶、

病果，带出棚室外集中销毁，防止病菌再次侵染。③药剂防治。发病初期，可选用42.4%健达（唑醚·氟酰胺）悬浮剂2500倍液，或50%凯泽（啶酰菌胺）水分散粒剂1500倍液，或50%瑞镇（嘧菌环胺）水分散粒剂1000倍液，或50%卉友（咯菌腈）可湿性粉剂5000倍液，或40%施佳乐（嘧霉胺）悬浮剂

染病雌花残体掉落到叶面后诱发叶片发病

800倍液，或50%速克灵（腐霉利）可湿性粉剂1000倍液，或500克/升扑海因（异菌脲）悬浮剂800倍液等喷雾防治，每隔7～10天施用1次，连续防治2～3次，注意交替使用。

专家提醒

灰葡萄孢适应性强，抗药性发展迅速，在选用防治药剂时须特别注意不同农药交替使用。保护地栽培中可选用百菌清烟剂进行防治，但棚室湿度偏高时须慎用百菌清及复配制剂喷雾或烟熏，以防药害。棚室温度偏高（超过30℃）时需慎用嘧霉胺（施佳乐）及复配制剂，以防药害。速克灵（腐霉利）对黄瓜幼苗敏感，需慎用。

黄瓜菌核病

黄瓜菌核病是保护地栽培黄瓜的常见病害，常局部地区大流行，一般减产30%左右，严重田块减产高达50%以上。除为害黄瓜外，还可为害番茄、辣椒、茄子等多种蔬菜。

为害症状

黄瓜菌核病主要为害茎蔓和瓜条，有时也可为害叶片。

茎蔓染病，主要在茎基部和茎节分叉处，初始呈淡褐色水渍状病斑，造成茎蔓软腐、萎缩，并产生白色毡毛状菌丝，病茎纵裂干枯，茎内髓部

茎节发病，初始呈淡褐色水渍状病斑，病部表面产生白色毡毛状菌丝

茎节发病，造成茎蔓萎缩，病部产生白色毡毛状菌丝

茎节病部白色毡毛状菌丝纠结成团，产生鼠粪状黑色菌核

茎基部发病，造成茎蔓萎缩，病部产生白色毡毛状菌丝

被破坏，病部以上的茎蔓和叶片萎蔫枯死，后期在病部产生鼠粪状黑色菌核。

瓜条染病，多从残花开始侵染，并向幼瓜扩展，初期呈水渍状病斑，常密生白色毡毛状菌丝，后期病部产生鼠粪状黑色菌核。

叶片染病，初呈水渍状病斑，扩大后成褐色近圆形大斑，产生白霉污斑；高湿条件下引起腐烂，产生鼠粪状黑色菌核。

发生特点

此病由真菌界子囊菌门核盘菌 *Sclerotinia sclerotiorum* (Lib.) de Bary

叶片病斑初呈水渍状，扩大后成褐色近圆形大斑

染病残花掉落到叶面诱发叶片发病

侵染引起。病菌以菌核随病残体在土壤中，或混杂在种子中越冬、越夏。在适宜温、湿度条件下，菌核萌发产生子囊盘，散发出子囊孢子，随气流传播蔓延，侵染衰老花瓣或叶片，产生白色菌丝，开始为害柱头或幼瓜。病花落在健叶或瓜蔓上经菌丝接触，引起再侵染。

病菌喜温暖、高湿环境，最适宜发病的温度为20～25℃，相对湿度93%以上。浙江及长江中下游地区黄瓜菌核病主要发病盛期为4—5月和9—10月。棚室高湿、定植过密、通风不良、地势低洼、排水不良的田块发病重。

瓜条染病多从残花开始侵染，并向幼瓜扩展，初期呈水渍状病斑，常密生白色毡毛状菌丝，后期病部产生鼠粪状黑色菌核

■ 防治要点

①农业防治。从无病株上采种；实行轮作，最好水旱轮作；选择地势高燥、排水良好的田块种植黄瓜；施足底肥，增施磷、钾肥。②清除病残体。收获后及时清理田间病残体，并带出田间集中销毁；土壤深耕，将菌核埋入土层深处（25厘米以上）。③药剂防治。发病初期及时用药，药剂选用参照"黄瓜灰霉病"。

专家提醒

黄瓜菌核病的发生对水分要求较高，田间相对湿度高于80%时开始发病，低于80%不易发病，所以防治该病首先应控制棚室湿度，其次是科学用药。

黄瓜细菌性角斑病

黄瓜细菌性角斑病是黄瓜的重要病害之一。

为害症状

黄瓜细菌性角斑病主要为害叶片，也可为害叶柄、茎蔓和卷须，苗期至成株期均可染病。

幼苗染病，在子叶产生水渍状、近圆形凹陷病斑，后变黄褐色，逐渐干枯。

叶片染病，初生几十个针头大小的水渍状小斑点，逐渐扩大后呈淡黄色或灰白色

成株期叶片染病，初生针头大小的水渍状小斑点，逐渐扩大后呈受叶脉限制的多角形，淡黄色至黄褐色；潮湿时，叶片背面产生乳白色黏液状菌脓，干燥后形成白痕，病斑质地脆，易穿孔破裂。瓜条染病，初现水渍状圆形小病斑，严重时连接成片，呈不规则形；高湿条件下，产生白色半透明乳状的菌脓，引起瓜条局部腐烂发臭；病斑向瓜条内部扩展，侵入种子，造成种子带菌。茎蔓、叶柄和卷须染病，初现水渍状小斑，扩大后呈短条状、黄褐色；高湿条件下，产生大量乳白色的菌脓，严重时病部出现纵向裂口；干燥时病部有白痕。

因受叶脉限制，病斑扩大后呈多角形，淡黄色至黄褐色

潮湿时，叶片背面产生乳白色黏液菌脓，干燥后形成白痕

叶面病斑对光呈半透明

发生特点

此病由细菌域变形菌门丁香假单胞菌流泪致病变种 *Pseudomonas syringae* pv. *lachrymans* (Smith & Bryan) Young et al. 侵染引起。病原菌随病残体在土壤中或以带菌种子越冬,成为翌年初次侵染菌源。病菌借助雨水反溅、棚顶水珠滴落、昆虫传播以及农事操作等途径蔓延,从寄主自然孔口和伤口侵入,经7～10天潜育后出现病斑,潮湿时产生菌脓。种子上的病菌在种皮、种子内部可存活1～2年,播种后直接侵染子叶。

病菌喜温暖、潮湿的环境,最适宜发病温度为18～28℃,相对湿度80%以上。黄瓜最易感病生育期是开花坐果期至采收盛期。长江中下游地区发病盛期在4—6月和9—11月。

防治要点

①选用耐病品种,与非瓜类作物轮作2年以上。生长期间和收获后及时清除病叶和病残体,并集中销毁。深耕翻晒土壤,加速病残体的分解,减少初侵染菌源。②种子处理。用55℃温水浸种20分钟,捞出晾干后催芽、播种。③药剂防治。发病初期,可选用46%可杀得叁千(氢氧化铜)水分散粒剂1500倍液,或47%加瑞农(春雷·王铜)可湿性粉剂600倍液,或20%碧生(噻唑锌)悬浮剂300～400倍液,或2%加收米(春雷霉素)水剂300～500倍液,或8%宁南霉素水剂600倍液,或2%噻菌铜悬浮剂1000倍液,或30%琥胶肥酸铜可湿性粉剂500倍液,或50%氯溴异氰尿

酸可湿性粉剂1000倍液等喷雾防治,每隔5～7天施用1次,连续防治3～4次。

> **专家提醒**
>
> 　　田间常与黄瓜霜霉病混合发生,且病斑比较相似,容易混淆。黄瓜霜霉病发病初期在叶片背面产生几个多角形水渍状病斑,而细菌性角斑病在叶片背面产生针状水渍状病斑,往往几十个病斑同时发生。潮湿条件下,细菌性角斑病病叶背面产生乳白色黏液状菌脓,干燥后形成白痕;黄瓜霜霉病则在叶片背面病部产生灰黑色霉层。细菌性角斑病病情发展没有霜霉病迅速,对黄瓜生长的影响没有霜霉病严重。
>
> 　　可杀得叁千(氢氧化铜)不能与三乙膦酸铝以及代森锰锌等混配,低温时慎用。
>
>
>
> 黄瓜霜霉病与细菌性角斑病混发(背面)

黄瓜病毒病

黄瓜病毒病是由病毒侵染引起的系统性病害，不同年份之间发生程度有所差异，春季保护地栽培和秋季露地栽培时均可发生，秋季发病较重。

为害症状

①花叶型。新生幼叶呈现黄绿相间的花叶症状，后变小、皱缩、边缘卷曲，而老叶症状不明显；果实上出现深浅绿色相间的花斑，生长缓慢甚至停滞、畸形；发病严重时，植株矮化、节间缩短。

黄瓜病毒病—花叶型

②皱叶型。多出现在成株期,叶片皱缩,产生暗绿色斑驳隆起,叶缘难以开展;同时叶片变厚、叶色变浓,植株矮化。

③蕨叶型。生长点新叶无法正常开展,而后变细,皱缩成蕨叶状,叶缘向内卷曲,多变成鸡爪状,植株生长点受到严重抑制,达不到正常的生长高度。

发生特点

黄瓜病毒病主要是由黄瓜花叶病毒(Cucumber mosaic virus, CMV)、黄瓜绿斑驳花叶病毒(Cucumber green mottle mosaic virus, CGMMV)、烟草花叶病毒(Tobacco Mosaic Virus, TMV)和南瓜花叶病毒(Squash mosaic virus, SqMV)等侵染所致。病毒随多年生宿根植株或随病株残余组织遗留在田间越冬,也可由种子带毒。病毒主要通过种子带毒、汁液摩擦、传毒媒介昆虫及田

黄瓜病毒病—皱叶型

黄瓜病毒病—蕨叶型

间农事操作传播至寄主植物上，进行多次再侵染。

病毒喜高温、干旱的环境，最适发病温度为20～25℃，相对湿度80%左右；最适病症表现期为成株结果期。发病潜育期15～25天。浙江及长江中下游地区发病盛期在4—6月和9—11月。

年度间以高温、少雨和传毒媒介昆虫（蚜虫、粉虱、蓟马等）大发生的年份发病重；传毒媒介昆虫防治不到位、肥水不足、田间管理粗放等田块发病重。

防治要点

①种子处理。播前先用清水浸种3～4小时，然后在10%磷酸三钠溶液中浸种20分钟，再用清水冲洗净药液后晾干播种；或用55℃温水浸种40分钟后，立即移入冷水中冷却，晾干后催芽播种。②加强田间管理。适时播种，合理施肥，培育壮苗；接触过病株的手要用肥皂水洗净后再进行农事操作，防止接触传染。③防治传毒媒介昆虫。在蚜虫、粉虱、蓟马发生初期，及时用药防治，防止传播病毒。④药剂防治。在发病始见期或发病前，选用20%吗啉胍·乙铜可湿性粉剂800倍液或10.0001%羟烯·吗啉胍水剂或1%香菇多糖水剂500倍液＋1.8%爱多收（复硝酚钠）水剂3000倍液或0.04%芸苔素内酯水剂10000倍液等喷雾防治，每隔7～10天施用1次，连续防治2～3次。

专家提醒

病毒抑制剂和生长促进剂配合施用防治病毒病效果更佳，但总体效果不理想，应重点做好传毒媒介昆虫防治，秋黄瓜育苗最好采用防虫网覆盖栽培。

黄瓜根结线虫病

黄瓜根结线虫病是保护地栽培黄瓜的主要病害,近年来发生日趋严重,一般减产20%~30%,严重时甚至绝收。除为害黄瓜外,还可为害番茄、茄子、萝卜等多种蔬菜作物。

■ 为害症状

主要为害黄瓜侧根和须根。病部产生大小不等的瘤状根结,有时呈念珠状串生;根结初呈乳白色,后期变为浅黄色至黄褐色。解剖根结镜检,可见大量细长、会蠕动的乳白色线虫。根结之上一般可以长出细弱的须根,侵染后再次形成根结。轻病株地上部分症状表现不明显,发病严重时植株明显矮化,生长发育不良,结瓜少而小,叶片褪绿发黄,晴天中午植株地上部分出现萎蔫或逐渐枯黄,最后植株枯死。

■ 发生特点

此病由植物病原线虫南方根结线虫 *Meloidogyne incognita* (Kofoid & White)侵染引起。该虫主要分布在土下20厘米的土层内,多以2龄

染病幼苗侧根产生大小不一的浅黄色瘤状根结

染病侧根和须根均产生大量大小不一的浅黄色至黄褐色瘤状根结,并串生呈念珠状

幼虫或卵随根组织在土壤中越冬。带虫土壤、病根和灌溉水是其主要传播途径,一般在土壤中可存活1~3年。翌年春季条件适宜时,越冬2龄幼虫或越冬卵孵化后发育至2龄幼虫迁移到细根处侵入根部,引起初次侵染,

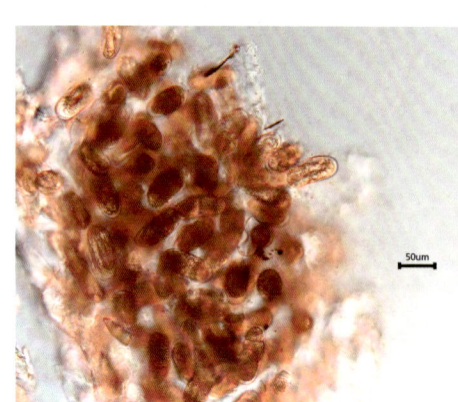

南方根结线虫卵

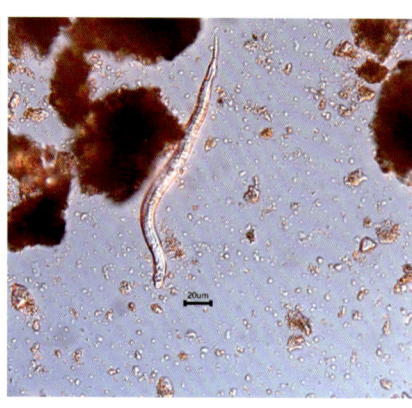

南方根结线虫

侵入的幼虫在根部组织中继续发育成熟。雌虫交尾产卵繁殖，每雌可繁殖2000～4000头幼虫。在黄瓜整个生长期内，南方根结线虫可繁殖4～5代，产生新一代2龄幼虫，进入土壤中再侵染或越冬。线虫寄生后分泌的唾液刺激根部组织膨大，形成"虫瘿"，或称为"根结"。

南方根结线虫生存最适温度为25～30℃，最适土壤含水量为40%～70%。黄瓜结瓜期最易感病，长江中下游地区保护地栽培春黄瓜时根结线虫病的主要发病盛期在5—6月，露地秋黄瓜在8—9月。

防治要点

①避免长期连作，最好与葱蒜、禾本科作物或水生蔬菜实行2～3年轮作。②收获后及时清除病根残体并离田集中销毁；利用夏季换茬时节，深翻土壤暴晒，然后高温闷棚或采用灌水、覆膜等措施后暴晒10～15天。③药剂防治。老病区于定植当天，每亩用10%噻唑膦颗粒剂1.5～2千克，采用多次稀释法，与细干土（或细砂）充分拌匀后配制成药土40～50千克，均匀撒施在田畦面上，再翻入15～20厘米的耕作层；也可均匀撒施在定植穴或定植沟内再覆浅土，定植后浇适量的水。新病区于发病初期，可选用41.7%路富达（氟吡菌酰胺）悬浮剂6000倍液，或6%寡糖·噻唑膦水乳剂500～750倍液，或5%阿维菌素微乳剂500倍液等灌根防治，每株灌药液200～300毫升。

专家提醒

黄瓜根结线虫病、枯萎病病株均会表现出晴天中午植株地上部分萎蔫，傍晚或清晨恢复，以后不再恢复并逐渐枯萎，两者容易混淆。其主要区别是根结线虫病植株根部有大小不一的"瘤状根结"，而枯萎病植株根部无"瘤状根结"，同时枯萎病植株维管束变褐色。

瓠瓜褐斑病

瓠瓜褐斑病是瓠瓜叶部的一种重要病害，全国各地均有发生，在冬春和初夏季节保护地栽培中易流行。一般田间叶发病率为10%～25%，严重时可达60%～70%，减产可达30%以上。

发病后期，病斑褪绿变薄，中央颜色变浅，有时呈灰白色，边缘灰褐色，外围呈现浅黄色至黄色晕环

为害症状

瓠瓜褐斑病主要为害叶片，严重时可蔓延至叶柄和茎蔓。

叶片染病，多从中、下部开始，逐步向上发展，初期在叶面产生灰褐色小斑点，后逐渐扩展成大小不等的圆形或近圆形、边缘不太整齐的淡褐色或褐色病斑，外围呈浅黄色至黄色晕环；病斑直径多数8～15毫米，小的3～5毫米，大的20～25毫米；后期病斑褪绿变薄，中央颜色变浅，有时呈灰白色，边缘灰褐色；湿度大时，病斑正、背面均着生稀疏的淡灰褐色霉状物（即病原菌分生孢子梗和分生孢子）；严重时，病斑数量多或几个大型病斑相融合，易破裂，叶片很快大片干枯。茎蔓和叶柄染病，出现椭圆形的灰褐色病斑，病斑扩展较大时能引起整株枯死。

严重发病时，病斑数量多，几个大型病斑相融合，病斑易破裂

湿度大时病斑正面产生稀疏的淡灰褐色霉状物

发生特点

湿度大时，病斑背面产生稀疏的淡灰褐色霉状物

此病由真菌界子囊菌门甜菜生尾孢 *Cercospora beticola* Sacc. 侵染引起。病菌以分生孢子或菌丝体随病残体遗落在土中越冬，可存活6个月。翌年春季，当环境条件适宜时产生分生孢子借气流和雨水溅射传播，引起初侵染。发病后病部又产生分生孢子进行多次再侵染，致使病害逐渐扩展蔓延。

病菌喜温暖高湿的环境，适宜发病的温度范围为8～35℃，最适发病环境温度为15～30℃，相对湿度90%以上。最易感病生育期为始花至坐果期，发病潜育期5～10天。

浙江及长江中下游地区瓠瓜褐斑病的主要发病盛期在5—10月。年度间早春温度偏高、多阴雨、光照时数少的年份发病重；田块间连作地土壤带菌量大、低洼地排水不良，发病较早较重；栽培管理上种植过密、通风透光差、湿度大、偏施氮肥、缺少硼肥、清园不及时的田块发病重；保护地较露地栽培易发病。

防治要点

①重发病田块提倡与非瓜类蔬菜实行2年以上轮作。棚室四周开好排水沟系，降低地下水位，适时通风降湿。施用充分腐熟的有机肥，避免偏施氮肥，增施磷、钾肥，适量施用硼肥。及时摘去老叶、病叶、病花、病果，收获后及时清除病残体，带出田外集中销毁。②药剂防治。在发病初期用药防治，每隔7～10天施用1次，连续防治2～3次。药剂选用参照"黄瓜炭疽病"。

瓠瓜白粉病

瓠瓜白粉病是瓠瓜主要病害，分布广泛，保护地栽培发病更为普遍、严重，一般减产10%～15%。除为害瓠瓜外，还可为害黄瓜、西葫芦、冬瓜、南瓜、苦瓜等作物。

为害症状

瓠瓜白粉病在苗期至收获期均可发生，主要为害叶片，其次为害叶柄和茎，一般不侵染果实。

发病初始，在叶面产生数个白色粉状小圆斑

叶片背面产生圆形或不规则形白色粉状斑

叶片染病，初始在叶面或叶背产生白色粉状小圆斑，随后逐渐扩大为不规则形的白粉状霉斑（即病菌的分生孢子梗和分生孢子），后期病斑上产生许多黑褐色小粒点（即病菌的闭囊壳）。发生严重时，病斑密布整张叶片，并常相互连接，汇合成片，叶片逐渐发黄，最后变褐、枯死。

▎发生特点

此病由真菌界子囊菌门烟色单囊壳 Sphaerotheca fuliginea (Schltdl.) Pollacci 和瓜类单囊壳 S. cucurbitae (Jacz.) Z. Y. Zhao 侵染引起。在北方地区，病菌以闭囊壳随病残体在土壤中或在保护地瓜类作物上越冬；在南方地区，病菌以菌丝体或分生孢子在寄主上越冬、越

条件适宜时，白色粉斑迅速布满整张叶片

夏。翌年环境条件适宜时，越冬的闭囊壳释放子囊孢子，或菌丝体上产生分生孢子，借助气流或雨水传播，进行初侵染。5天后形成白色粉状病斑，7天后成熟，形成分生孢子飞散传播，进行再侵染。

瓠瓜白粉病自中下部叶片逐渐向上发展蔓延

病叶逐渐发黄，最后变褐、枯死

病菌对发病条件要求不严，最适发病温度为16~24℃，相对湿度45%~75%，但超过95%会抑制病害蔓延。浙江及长江中下游地区瓠瓜白粉病发生盛期在4—7月和9—11月。

在时雨时晴、高温干旱和高湿交替出现的气候条件下，容易发生流行；定植过密、通风不良、光照不足、排水不良、偏施氮肥的田块发病重。

■ **防治要点**

①选用抗病品种；选择地势高燥、排灌良好的田块种植；施足底肥，增施磷、钾肥，生长中后期及时追肥；及时摘除病叶、老叶，加强通风透光。②药剂防治。参照"黄瓜白粉病"。

瓠瓜灰霉病

瓠瓜灰霉病是保护地栽培瓠瓜发生最普遍的病害之一,对瓠瓜产量影响很大,一般减产20%～30%,严重的可达50%以上。除为害瓠瓜外,还可为害黄瓜、西瓜、番茄、茄子、辣椒、菜豆、莴苣、芹菜、韭菜和大葱等多种作物。

为害症状

瓠瓜灰霉病主要为害花、果实、茎蔓和叶片。花染病,先从凋谢的雌花开始,初期花瓣呈水浸状或水渍状,随后变软腐烂并产生灰褐色霉层,

瓠瓜灰霉病菌先从凋谢的雌花侵入,逐渐向幼瓜顶部着花处扩展,出现水渍状病斑,并产生灰褐色霉层

瓠瓜雄花感染灰霉病

病花凋零后落到叶面,诱发叶片发病

叶片染病，叶面形成不规则形大病斑，中央有褐色轮纹

茎蔓染病，往往纵向开裂，病部产生灰色霉层

造成花萎蔫或腐烂、脱落。果实染病，多由发病的花瓣传染，从幼瓜顶部着花处向果蒂扩展，初呈水渍状病斑，受害部位变软腐烂，随后产生大量灰色霉层，最后病瓜呈黄褐色，腐烂或脱落。叶片染病，叶面上形成不规则形大病斑，中央有褐色轮纹；高湿条件下产生灰色霉层。茎蔓染病，出现灰褐色病斑，往往纵向开裂，病部产生灰色霉层。

发生特点

此病由真菌界子囊菌门灰葡萄孢 *Botrytis cinerea* Pers. 侵染引起。病菌以菌核在土壤中或以菌丝、分生孢子在病残体上越冬、越夏。翌年春季环境条件适宜时，菌核萌发产生子囊盘释放出子囊孢子，或直接产生菌丝体、分生孢子梗和分生孢子，子囊孢子或分生孢子借助气流、雨水、露水等传播，形成初侵染。病部产生霉层，并产生大量分生孢子，进行再侵染。

病菌喜温暖、高湿环境，发病温度范围为 2～31℃，最适发病温度为 20～23℃，相对湿度 80% 以上。开花结果期为发病敏感期，发病雄花或雌花如果落在叶片或茎秆上，常诱发茎蔓、叶片发病。浙江地区保护地栽培瓠瓜灰霉病的发生盛期为 2—4 月。

连续低温阴雨、光照不足天气多的年份，病害发生较重；定植过密、排水不良、通风透光差等田块发病严重。

防治要点

①保护地栽培注意通风降湿，施肥浇水宜在上午进行，防止结露；雨后及时清沟排水。②及时摘除病花、病叶、病果，并带出田间集中销毁；摘除幼果的残留花瓣。③药剂防治。参照"黄瓜灰霉病"。

瓠瓜枯萎病

瓠瓜枯萎病是一种维管束系统性病害，常引起瓠瓜整株枯萎、死亡，一般发病率为15%～25%，严重时可达30%～50%，严重影响产量，重茬田甚至绝收。除为害瓠瓜外，还可为害西瓜、冬瓜等作物。

为害症状

受害植株最初表现为晴天中午部分叶片萎蔫，早晚恢复，随后逐渐扩展到全株，一般持续10～15天后整株死亡。近地面主茎蔓常呈褐色水浸状

瓠瓜枯萎病病株晴天中午萎蔫

腐烂，变细或纵裂，并逐渐干枯。在高湿条件下，根、茎蔓病部常有琥珀色胶状物流出，表面产生白色或粉红色霉状物（即病菌分生孢子）。根、茎蔓病部横切面可见维管束变褐，有别于瓠瓜蔓枯病。

发生特点

此病由真菌界子囊菌门尖镰孢葫芦专化型 *Fusarium oxysporum* f. sp. *lagenariae* Matuo & I. Yamam. 侵染引起。病菌以菌丝、厚垣孢子或菌核在种子或土壤中的病残体上越冬，成为次年初侵染源。病菌借助雨水、灌溉水等传播，从根部伤口、自然裂口或根毛细胞侵入，也可从茎基部的裂口侵入，最后进入到维管束内发

染病茎蔓常纵裂并流出琥珀色胶状物

瓠瓜枯萎病植株维管束褐变（纵切面）

瓠瓜枯萎病植株维管束褐变（横切面）

育并堵塞导管，造成叶片萎蔫。此病是一种土传真菌性病害，病菌可在土壤中存活5～6年。

病菌喜温暖、潮湿的环境，最适发病温度为24～27℃，空气湿度90%以上。土壤温度15℃时，潜育期约15天。瓠瓜整个生育期均可发病，敏感生育期为开花结果期。浙江地区保护地栽培发病盛期为4—6月，秋季露地栽培发病盛期为9—10月。

持续阴雨天气多的年份病害发生重；地势低洼、排水不良、基肥不足、氮肥施用过多、多年连作等田块发病较重；时晴时雨或连阴雨后骤晴，有利于病害流行。

防治要点

①培育无病壮苗。②实行与非瓜类作物3年以上轮作，最好5～6年。在有条件地区，提倡与水稻等实行1年以上水旱轮作。③调节土壤酸碱度。整地时每亩施入生石灰80～100千克，从而减轻枯萎病的发生。④定植前深耕暴晒土壤，施用充分腐熟的有机肥。定植后合理浇水，促进植株根系发育，增强抗病力。⑤药剂防治。参照"黄瓜枯萎病"。

瓠瓜蔓枯病

瓠瓜蔓枯病是瓠瓜主要病害，一般减产20%左右，严重田块减产达40%～60%。除为害瓠瓜外，还可为害黄瓜、西瓜、冬瓜、甜瓜、丝瓜等多种瓜类作物。

为害症状

瓠瓜蔓枯病主要为害叶片和瓜蔓。

叶片染病，叶面产生不规则形或近圆形的黄褐色或淡褐色大病斑，有些病斑受叶脉限制呈"V"形或半圆形，其上密生很明显的小黑点。在高湿条件下，病斑可扩展至全叶，导致叶片变黑枯死。

叶片病斑呈"V"形，褐色，表面着生黑色小点

近节部茎蔓纵裂，表面呈油浸状，并分泌琥珀色流胶，干燥后变成黑褐色

从茎节向两边纵裂，表面呈油浸状，并分泌琥珀色流胶，干燥后变成黑褐色

茎蔓染病，初始在近节部产生褪色油浸状病斑，稍凹陷，并分泌出琥珀色流胶，干燥后变成黑褐色，后期表面密生黑色小点，茎表皮呈黄白色干枯。

幼苗染病，症状多出现在茎的下部，病部初始呈油浸状，随后变黄褐色，稍凹陷，表皮龟裂，常分泌出流胶。

病部表面产生小黑点是瓠瓜蔓枯病的主要识别特征。茎部发病后表皮易撕裂，引起植株枯死，但维管束不变色，也不为害根部，可与枯萎病相区别。

发生特点

此病由真菌界子囊菌门黄瓜拟壳多孢 *Stagonosporopsis cucurbitacearum* (Fr.) Aveskamp, Gruyter & Verkley 侵染引起。病菌主要以分生孢子器或子囊壳随病株残体在土壤中越冬，也可在地表、保护地棚架上和种子上越冬。翌年春季环境条件适宜时，病菌借助风雨传播到植株，从水孔、气孔、伤口等处侵入，引起初侵染。

病菌喜温暖、高湿环境，最适发病温度为20～25℃，相对湿度85%以上。浙江及长江中下游地区早春保护地瓠瓜发病盛期为3—5月。连续阴雨、忽晴忽雨等气候条件病害易流行。平畦栽培、定植过密、通风透光差、田间湿度高、排水不畅、生长不良、肥力不足、多年连作等田块发病重。

防治要点

①实行与非瓜类作物2～3年轮作。②选用无病株留种。③施用充分腐熟的有机肥。④清洁田园。发病后及时清除病叶、病株；换茬前彻底清理田间病叶、病株和病残体，并带出田间集中销毁。⑤药剂防治。参照"黄瓜蔓枯病"。

瓠瓜病毒病

瓠瓜病毒病是瓠瓜常见病害，长江中下游地区春季保护地促早栽培发生轻，秋季露地栽培发病重。

为害症状

①花叶型。新生幼叶症状最为明显，老熟叶片症状则不明显。主要表现为新叶出现黄绿相间的黄花叶，叶片成熟后变小、皱缩、边缘卷曲；果

瓠瓜病毒病—花叶型

实出现深、浅绿色相间的花斑,生长缓慢甚至停止,畸形;发病严重时,茎节间缩短,植株矮小、萎蔫。

②皱叶型。多出现在成株期,叶片出现皱缩,产生暗绿色斑驳隆起,边缘难以开展,同时叶片变厚、叶色变浓,引起植株矮化。

③蕨叶型。植株生长点新叶无法正常开展,而后变细、皱缩成蕨叶状,叶缘向内卷曲,多变成鸡爪状。植株生长点受到严重抑制,达不到正常的生长高度。

瓠瓜病毒病—皱叶型

◆ 发生特点

此病由黄瓜花叶病毒(CMV)、黄瓜绿斑驳花叶病毒(CGMMV)、甜瓜花叶病毒(Muskmelon mosaic virus,MMV)等多种病毒单独或复合侵染

瓠瓜病毒病—蕨叶型

所引起。病毒在芹菜、菠菜、宿根性杂草上越冬,主要通过蚜虫和种子传毒,田间可通过农事操作及病、健植株接触摩擦传播。

浙江及长江中下游地区瓠瓜病毒病发生盛期为5—6月和9—11月。一般高温干旱季节发病较重,秋季栽培重于春季保护地栽培。肥水不足、管理粗放、蚜虫为害重的田块发病重。

■ 防治要点

①因地制宜选用抗病品种。②施足基肥,苗期遇高温干旱季节,必须勤浇水,降温保湿,促进植株根系生长,提高抗病能力。③科学防控蚜虫等媒介昆虫,防治方法参见"瓜蚜"。④药剂防治。参照"黄瓜病毒病"。

丝瓜白粉病

丝瓜白粉病是丝瓜的次要病害,常年发生较轻,为害损失相对较小。

为害症状

丝瓜白粉病主要为害叶片,极少为害茎蔓和瓜条。

叶片染病,初期产生圆形、白粉状小斑点,后逐渐扩大为不规则形、边缘不明显的白粉状霉斑(即病菌分生孢子梗和分生孢子),一般受害叶片仅表现为褪绿或变淡黄;发生严重时,数十个白粉病斑汇集连成一片,但

丝瓜白粉病叶面产生圆形或不规则形白色粉状斑

很少布满整张叶片，最后造成叶片发黄，有时病斑表面会产生小黑点（即病菌闭囊壳）。

发生特点

此病由真菌界子囊菌门苍耳叉丝单囊壳 *Podosphaera xanthii* (Castagne) U. Braun & Shishkoff 侵染引起。病菌以菌丝体或分生孢子在寄主上越冬、越夏。翌年温、湿度条件适宜时，越冬菌丝体上产生分生孢子，分生孢子通过气流、雨水传播到寄主叶片上，引起初侵染；发病后病部形成分生孢子，飞散传播，进行再侵染。

病菌喜温暖、高湿环境，最适发病温度为16～25℃，相对湿度80%左右。浙江及长江中下游地区丝瓜白粉病发生盛期主要在4月上中旬至6月下旬。

通风不良、栽培密度过高、氮肥施用过多、地势低洼等田块发病较重。

丝瓜白粉病叶背症状

防治要点

①加强管理。及时清沟排水；及时摘除病、老叶，并带出田间集中销毁；加强通风透光，降低田间湿度；增施磷、钾肥，增强抗病能力。②药剂防治。参照"黄瓜白粉病"。

丝瓜霜霉病

丝瓜霜霉病是丝瓜主要病害，除为害丝瓜外，还可为害甜瓜、西瓜、南瓜、冬瓜、葫芦和苦瓜等瓜类作物。

为害症状

丝瓜霜霉病在整个生育期均可发生，主要为害叶片。发病初期，叶片背面出现水渍状斑点，叶片正面呈不规则褪绿斑，逐渐扩大后叶面形成受叶脉限制的多角形黄褐色病斑。潮湿条件下，病斑背面产生灰黑色霉层（即病菌孢囊梗及孢子囊）。发生严重时，病斑布满整张叶片，最后整叶枯死。

发病初期，叶背产生水渍状病斑

发生特点

参见"黄瓜霜霉病"。

防治要点

参照"黄瓜霜霉病"。

叶面病斑多角形，呈淡黄色

丝瓜绵腐病

■ 为害症状

丝瓜绵腐病主要为害瓜条,也可为害叶片。

瓜条染病,以接近地面的瓜条发病最为普遍,病部初始呈水浸状,后形成圆形或不规则形褐色至暗褐色病斑,有时扩展至半个甚至整个瓜条;潮湿时,病部表面产生白色棉絮状菌丝体,造成内部组织腐烂。

叶片染病,在叶面产生近圆形水渍状斑,扩大后逐渐变为暗绿色;湿

病斑近圆形或不规则,褐色至暗褐色。初始呈水浸状;潮湿条件下,表面产生白色絮状菌丝

严重时，病斑扩展至半个至整个瓜条　　　病叶呈沸水烫伤状腐烂、枯死

度高时，病叶呈沸水烫伤状腐烂；干燥时，叶片病斑容易干裂脱落。

■ 发生特点

此病由藻物界卵菌门瓜果腐霉 *Pythium aphanidermatum* (Edson) Fitzp. 侵染引起。病菌主要以卵孢子在土壤中越冬。翌年春季环境条件适宜时，产生孢子囊和游动孢子侵染寄主，也可直接长出芽管侵入寄主，形成初侵染。病部产生孢子囊和游动孢子，借助雨水或浇水传播，进行再侵染。

病菌喜温暖、高湿环境，最适发病温度为27～28℃，相对湿度95%以上。菌丝生长最适温度为35℃，但此温度下孢子囊产生量相对较低，孢子囊产生的最适温度为25℃。发病轻重及病情发展快慢主要取决于湿度与雨量。连续阴雨、时晴时雨有利于病害发生流行。地势低洼、排水不畅、土壤潮湿等田块发病重。

■ 防治要点

①采用高畦、覆地膜、搭架栽培；合理浇水，避免大水漫灌，雨后及时排水；适当增施钾肥；及时绑蔓、整蔓，适度打掉下部老叶；发现病瓜及时清除，并带出田间销毁。②药剂防治。发病初期及时用药，每隔7～10天1次，连续防治2～3次，注意交替使用。药剂选用参照"黄瓜霜霉病"。

丝瓜病毒病

丝瓜病毒病是丝瓜重要病害,对丝瓜产量影响较大,并导致品质变劣,发生严重时减产可达30%以上。

为害症状

叶片染病,幼嫩叶片呈深绿与浅绿相间的斑驳或褪绿小环斑,老叶上为黄绿相间的花叶或黄色环斑;叶脉抽缩,使叶片畸形,叶缘缺刻加深;

丝瓜病毒病-皱叶型

丝瓜病毒病—绿斑驳花叶

病瓜畸形，瓜皮褪绿，表面凹凸不平

丝瓜病毒病—瓜条畸形、褪绿

发病后期老叶产生枯死斑,植株顶端生长点受到抑制而无法正常生长。瓜条染病后,瓜条变细小,或呈螺旋状扭曲畸形,或尾部不正常膨大;瓜皮常现褪绿斑,表面凹凸不平;瓜肉有硬块,无食用价值。

发生特点

此病由黄瓜花叶病毒(CMV)、黄瓜绿斑驳花叶病毒(CGMMV)、甜瓜花叶病毒(MMV)和西瓜花叶病毒(Watermelon mosaic virus,WMV)等单独或复合侵染所致。发病主要原因有品种感病、蚜虫等媒介昆虫大发生传播病毒等。栽培管理粗放、氮肥施用过多、蚜虫为害重、夏秋季节气候干燥少雨等,均易诱发此病。

防治要点

参照"黄瓜病毒病"。

丝瓜根结线虫病

根结线虫病是保护地蔬菜的重要连作障碍，可为害瓜类、番茄、茄子、萝卜、芹菜等多种蔬菜作物，一般减产20%～30%，严重时甚至绝收。

为害症状

主要为害丝瓜侧根和须根。病部产生大小不等的瘤状根结，有的串生呈念珠状；根结初呈乳白色，后期变为浅黄色至黄褐色。解剖根结镜检，可见大量细长、会蠕动的乳白色线虫。根结之上一般可以长出细弱的须根，侵染后再次形成根结。轻病株地上部分症状表现不明显，发病严重时植株明显矮化，生长发育不良，结瓜少而小，叶片褪绿发黄，晴天中午植株地上部分出现萎蔫或逐渐枯黄，最后植株枯死。

发生特点

参见"黄瓜根结线虫病"。

防治要点

参照"黄瓜根结线虫病"。

丝瓜侧根和须根产生大小不等、黄褐色的瘤状根结

南瓜白粉病

南瓜白粉病是南瓜发生最普遍的病害，分布广泛，发病率高，发生面积大，严重影响南瓜品质和商品性。

为害症状

南瓜白粉病主要为害叶片、叶柄和茎蔓。

叶片染病，初期在叶片正面或背面产生白色粉状小圆斑，后逐渐扩大为不规则形的白粉状霉斑，多个粉斑连接成片，密布整张叶片；发病叶片

病叶多个粉斑连接成片

病叶背面产生不规则形的白粉状霉斑

南瓜白粉病病菌闭囊壳

南瓜白粉病侵染茎基部

的细胞和组织被侵染后并不死亡，抹去病斑上的粉层，叶片表现为褪绿变黄；发病后期，病斑呈灰色或灰褐色，表面着生黑色小粒点（即病菌闭囊壳）；发病末期，病叶组织变为黄褐色而枯死。

茎蔓染病，症状类似叶片，但发病后期很少有枯死现象发生。

■ 发生特点

参见"黄瓜白粉病"。

■ 防治要点

参照"黄瓜白粉病"。

南瓜白粉病侵染叶柄

南瓜疫病

南瓜疫病是南瓜主要病害，对产量、品质影响较大，一般减产10%～30%。除为害南瓜外，还可为害辣椒、番茄、茄子、黄瓜、甜瓜、西瓜、木瓜、豇豆、菜豆等多种作物。

为害症状

南瓜疫病整个生育期均可发生，主要为害根茎部，还可为害叶片、茎和果实。

叶片染病，病斑扩展后呈近圆形或不规则形、黄褐色

南瓜疫病叶背症状

茎蔓病斑初呈暗绿色、水渍状,渐变为淡褐色,直至褐色,病部缢缩

果实染病，病部凹陷、软化、腐烂，并产生白色霉层

南瓜疫病田间为害状

幼苗染病，多始于嫩尖，产生水渍状病斑，病情发展较快，萎蔫枯死，但不倒伏。

成株期叶片染病，初始产生暗绿色水浸状斑点，后扩展为近圆形或不规则形大病斑，病斑呈黄褐色；潮湿时，全叶腐烂，并产生白色霉层；干燥时，病斑极易破裂。

瓜蔓染病，多在近地面茎基部开始，初始产生暗绿色水渍状斑，渐至淡褐色，后变褐色，病部缢缩；高湿条件下，瓜蔓呈软腐状，往往有多处茎节受害，有时长达10厘米以上，俗称"节节烂"，上部植株萎蔫、青枯而死亡，但维管束不变色。

果实染病，多为接触或靠近地面的果实，初始出现水渍状浅褐色小斑，潮湿时病斑凹陷，并长出一层稀疏的白色霉状物（即病菌的孢囊梗和孢子囊），以后软化腐烂，迅速向各方向扩展，在病部产生白色霉层，最终导致病瓜局部或全部腐烂。

▋发生特点

此病由藻物界卵菌门辣椒疫霉 *Phytophthora capsici* Leonian 侵染引起。病菌以菌丝体、卵孢子和厚垣孢子随病残体在土中越冬。翌年春季，借助风雨、灌溉水传播，进行初侵染。病部产生的孢子囊及游动孢子借风雨、灌溉水进行再侵染。

病菌喜温暖、高湿环境，最适发病温度为24～28℃，相对湿度90％以上。湿度是发生的决定性因素。浙江及长江中下游地区的发病盛期为6—8月。

雷雨过后，田间积水不及时排出易诱发；大雨过后暴晴最易发病流行；多雨季节发病重；重茬连作、排水不良、浇水过多、施用未腐熟栏肥、通风透光差等田块发病较重。

▋防治要点

参照"黄瓜疫病"。

南瓜霜霉病

南瓜霜霉病是南瓜重要病害，随着重茬现象的增多和保护地种植面积的扩大，发病逐年加重，一般减产10%~20%，严重时可达30%~50%。除为害南瓜外，几乎可以为害所有葫芦科作物。

为害症状

南瓜霜霉病在苗期和成株期均可发生，主要为害叶片。叶片染病，一般由下向上发展，初期叶片背面出现水渍状褪绿斑，病斑边缘不明显，逐渐扩大后形成黄褐色、受叶脉限制的不规则多角形病斑；潮湿条件下，病斑背面长有灰黑色霉层；发病严重时，病斑相互汇合，连接成片，使叶片变黄干枯、易破碎，田间病株一片枯黄，似火烧状。

南瓜霜霉病侵染叶片背面，初期出现水渍状病斑

发生特点

参见"黄瓜霜霉病"。

防治要点

参照"黄瓜霜霉病"。

南瓜霜霉病叶片中后期症状

南瓜病毒病

南瓜病毒病是南瓜主要病害之一,分布广泛,发生普遍,对南瓜生产影响大。

为害症状

南瓜病毒病在田间表现症状主要有3种:①花叶型。叶片上出现黄绿相间的花叶斑驳,叶片变小、皱缩、边缘卷曲。果实出现深绿色与浅绿色相间的花斑。②皱叶型。多出现在成株期,叶片出现皱缩,病部出现隆起

南瓜病毒病—花叶型

瓜果类蔬菜病虫原色图谱(第二版)

南瓜病毒病—皱叶型

南瓜病毒病—蕨叶型

南瓜病毒病—绿斑驳花叶

南瓜病毒病—环状褪绿黄化花叶

南瓜果实染病产生深绿与浅绿相间的花斑

绿黄相间斑驳,叶缘难以开展,同时叶片变厚、叶色变浓。③蕨叶型。植株生长点新叶变成蕨叶,呈鸡爪状。果实果面出现凹凸不平、颜色不一致的色斑,果实膨大不正常。

■ 发生特点

此病由黄瓜花叶病毒(CMV)、黄瓜绿斑驳花叶病毒(CGMMV)、甜瓜花叶病毒(MMV)和烟草环斑病毒(tobacco ring spot virus,TRSV)等多种病毒侵染所致。植株染病,气温在24~28℃时不显示症状,当温度高于30℃时才开始表现症状。高温干旱天气有利于蚜虫迁飞和繁殖,易诱发此病流行。浙江及长江中下游地区南瓜病毒病发生盛期为5—6月和9—11月,一般秋季重于春季。

■ 防治要点

参照"黄瓜病毒病"。

西葫芦白粉病

西葫芦白粉病是西葫芦的主要病害,分布广泛,对产量影响较大,一般造成减产10%左右,严重时可达50%以上。除为害西葫芦外,还可为害黄瓜、南瓜、西瓜、甜瓜、苦瓜、瓠瓜等多种作物。

■ 为害症状

西葫芦白粉病在苗期至收获期均可发生,主要为害叶片,其次叶柄、茎蔓,果实较少发病。叶片染病,初期产生白色粉状小圆斑,后逐渐扩大

西葫芦白粉病叶面产生圆形或不规则形的白粉状霉斑

西葫芦白粉病叶背产生不规则形白粉斑

条件适宜时,白色粉斑迅速布满整张叶片

发病严重时,病叶发黄、变褐,最后枯死

为不规则形的白粉状霉斑（即病菌分生孢子），病斑可连接成片，受害部分叶片逐渐发黄，后期病斑上产生许多黄褐色小粒点，而后小粒点变黑（即病菌闭囊壳）；发生严重时，病叶发黄、变褐，最后枯死。

发生特点

参见"黄瓜白粉病"。

防治要点

参照"黄瓜白粉病"。

茎蔓染病产生圆形或不规则形的白粉状霉斑

后期病斑产生黄褐色小粒点，后变黑色（即病菌闭囊壳）

西葫芦疫病

为害症状

主要为害嫩茎、嫩叶和果实。幼苗染病,多始于嫩尖,产生水渍状病斑,病情发展较快时,导致幼苗萎蔫枯死,但不倒伏。茎蔓染病,多在近地面茎基部开始,初期呈暗绿色水渍状斑,随后病部缢缩,全株萎蔫而死亡。叶片染病,初始产生暗绿色水渍状斑点,随后扩展成不规则形大斑;潮湿

病瓜软化腐烂,病部产生白色霉层

病瓜软化腐烂，并迅速向各方向扩展

时，全叶腐烂，并产生白色霉层；干燥时，整张叶片变成青白色并枯死。果实染病，初始出现水渍状浅绿褐色小斑，后软化腐烂，并迅速向各方向扩展，在病部产生白色霉层（即病菌孢囊梗和游动孢子囊），最终导致病瓜局部或全部腐烂。

■ 发生特点

参见"黄瓜疫病"。

■ 防治要点

参照"黄瓜疫病"。

西葫芦疫病田间为害状

西葫芦菌核病

为害症状

主要为害茎蔓和果实。茎蔓染病,主要在茎基部和茎节发病,初始呈淡褐色水渍状病斑,造成茎蔓软腐、萎缩,并产生白色毡毛状菌丝,病茎纵裂干枯,茎内髓部被破坏,病部以上的茎蔓和叶片萎蔫枯死,后期在茎内产生鼠粪状黑色菌核。果实染病,多从残花开始侵染,并向幼瓜扩展,初期呈水渍状病斑,常密生白色毡毛状菌丝,后期病部产生鼠粪状黑色菌核。叶片染病,初

病菌从残花侵入后向幼瓜扩展,病斑水渍状,表面密生白色毡毛状菌丝

茎节发病，初始呈淡褐色水渍状病斑，造成茎蔓软腐、萎缩，并产生白色毡毛状菌丝

呈水渍状病斑，扩大后成褐色近圆形大斑，产生白霉污斑；高湿条件下引起腐烂，产生鼠粪状黑色菌核。

发生特点

参见"黄瓜菌核病"。

防治要点

参照"黄瓜灰霉病"。

病茎髓部产生白色棉絮状菌丝

西葫芦病毒病

西葫芦病毒病是西葫芦的主要病害之一,分布广泛,发病率高,严重影响西葫芦产量和品质,一般减产30%左右,严重时可造成绝收。

为害症状

苗期感病,4～5叶时始发,新叶表现明脉、有褪色斑点,继而出现花叶和深绿色疱斑;重病株顶叶畸形、鸡爪状,病株矮化。成株期感病,上部叶片沿叶脉失绿,并出现黄绿斑点,逐渐全株黄化,叶片皱缩、向下卷曲,节间缩短,植株矮化;后期花冠扭曲畸形,大部分不能结瓜或瓜小且皱缩、畸形或瓜皮表面产生环状斑、绿色斑驳等与原品种不一致的色斑。

西葫芦病毒病—蕨叶型

发生特点

此病由黄瓜花叶病毒(CMV)和甜瓜花叶病毒(MMV)等多种病毒单独或复合侵染所致。黄瓜花叶病毒(CMV)和甜瓜花叶病毒(MMV)均可在保护地瓜类、茄果类及其他多种蔬菜和杂草上越冬,翌年通过病、健植

重病株顶叶畸形、鸡爪状

瓜皮表面产生与原品种不一致的色斑

瓜皮表面产生与原品种不一致的色斑

株接触摩擦和蚜虫传毒侵染发病，也可通过农事操作接触传播。种子也可携带病毒。蚜虫是主要传毒媒介，发病程度与其密切相关。西葫芦病毒病为害时间较长，幼苗期、成株期均可染病。矮生型西葫芦较易感病，蔓生型西葫芦抗病性强。高温干旱天气有利于有翅蚜迁飞，发病重；露地育苗、苗期管理粗放、缺水、肥水不足、光照强、杂草多等田块发病重。

防治要点

①选用抗病品种。②种子处理。可用10%磷酸三钠溶液浸种20～30分钟，或用1%高锰酸钾溶液浸种30分钟，用清水冲洗干净再催芽播种。③合理轮作。提倡与水稻、水生蔬菜等实行3～5年轮作。④科学防控蚜虫。在点片发生期及时防治，具体参见"瓜蚜"。⑤加强肥水管理。避免缺水、脱肥而造成早衰。在高温季节适当多浇水，降低地温。或采取遮阳办法降温，提高植株抗病能力。⑥药剂防治。参照"黄瓜病毒病"。

冬瓜蔓枯病

主蔓基部发病,产生褪绿纵裂,并流出灰色胶状物

为害症状

冬瓜蔓枯病主要为害茎蔓,也可为害叶片和果实。

茎蔓染病,初始在茎基部和茎节等部位,产生油浸状褪色纵向裂纹;病情严重时,裂纹部位出现爆裂,主蔓基部出现裂口并流出灰色或红色胶状物;侧蔓开裂后产生白色油状物,干燥后呈赤褐色;部分植株出现生长发育缓慢或停止生长,重者全株死亡。

叶片染病,初始在叶缘产生水浸状小点,扩大后形成"V"形、圆形或不规则形病斑,呈黄褐色或淡褐色,具不明显轮纹;后期病部产生黑色小点,易破裂。

果实染病,形成较小的褐色圆斑,田间湿度大时,

茎蔓染病，在近节部产生油浸状褪色纵裂

茎蔓病斑干燥后呈赤褐色

叶片病斑褐色，呈"V"形扩展，后期表面产生黑色小点

田间湿度大时，果实病部常流出琥珀色胶质物

冬瓜蔓枯病田间为害状

病部常流出琥珀色胶状物。

■ 发生特点

此病由真菌界子囊菌门黄瓜拟壳多孢 Stagonosporopsis cucurbitacearum (Fr.) Aveskamp, Gruyter & Verkley 侵染引起。病菌主要以分生孢子器或子囊壳随病残体在土壤中越冬。翌年春季环境条件适宜时，借风雨传播引起初侵染。病菌喜温暖、高湿环境，天气对病害的发生流行至关重要，连日多雨或时晴时雨会引起病害流行。土质黏重、多年连作、地势低洼、枝蔓茂密、通风不良、偏施氮肥、作物长势弱等田块发病重。

■ 防治要点

①选用耐热、抗病品种；选择地势高燥、排水良好的田块种植，与非瓜类作物实行2～3年轮作；深沟高畦，合理密植；施足基肥，增施磷、钾肥。②药剂防治。参照"黄瓜蔓枯病"。

冬瓜绵腐病

为害症状

冬瓜绵腐病主要为害近地面的果实，也可为害叶片。

果实染病，病部初始呈水浸状，后形成圆形或不规则形褐色至暗褐色病斑，有时扩展至半个至整个果实；潮湿时，病部表面产生白色棉絮状菌丝体，造成内部组织腐烂。

叶片染病，在叶面产生近圆形水渍状斑，扩大后逐渐变为暗绿色；湿度高时，病叶呈沸水烫伤状腐烂；空气干燥时，叶片病斑容易干裂脱落。

病斑近圆形、暗褐色，表面产生白色棉絮状菌丝体，内部组织腐烂

发生特点

参见"丝瓜绵腐病"。

防治要点

①采用高畦、地膜、搭架栽培；合理浇水，避免大水漫灌，雨后及时排水；适当增施钾肥；及时绑蔓、整蔓，适度打掉下部老叶；发现病瓜及时清除，并带出田间销毁。②药剂防治。发病初期及时用药，每隔7～10天1次，连续防治2～3次，注意交替使用。药剂选用参照"黄瓜霜霉病"。

苦瓜白粉病

苦瓜白粉病是一种重要的气传病害,以苦瓜生长中后期发病最重。

为害症状

苦瓜白粉病在苗期、成株期均可发生,主要为害叶片,严重时也可为害茎蔓和果实。

叶片染病,自中下部开始向新叶发展蔓延,初始在叶片正反面产生圆形或不规则形小白粉斑(即病菌分生孢子、分生孢子梗和菌丝体),不久发

发病初始,在叶片正面产生圆形或不规则形白粉斑

苦瓜白粉病叶片背面症状

苦瓜白粉病自中下部叶片逐渐向上发展蔓延

展到整张叶片，致叶片逐渐发黄，最后枯死，有时病斑上产生小黑点（即病菌闭囊壳）。

茎蔓和果实染病，症状类似叶片。

■ 发生特点

参见"黄瓜白粉病"。

■ 防治要点

参照"黄瓜白粉病"。

瓜条发病，在表面产生圆形或不规则形白粉斑

苦瓜白粉病防治后复发

苦瓜根结线虫病

■ 为害症状

主要为害苦瓜侧根和须根。病部产生大小不等的瘤状根结,有的串生呈念珠状;根结初呈乳白色,后变为浅黄色至黄褐色。解剖根结镜检,可见大量细长、会蠕动的乳白色线虫。根结之上一般可以长出细弱的须根,侵染后再次形成根结。轻病株地上部分症状表现不明显,发病严重时植株明显矮化,生长发育不良,结瓜少而小,叶片褪绿发黄,晴天中午植株地上部分出现萎蔫或逐渐枯黄,最后植株枯死。

■ 发生特点

参见"黄瓜根结线虫病"。

■ 防治要点

参照"黄瓜根结线虫病"。

侧根和须根产生大小不等、乳白色的瘤状根结

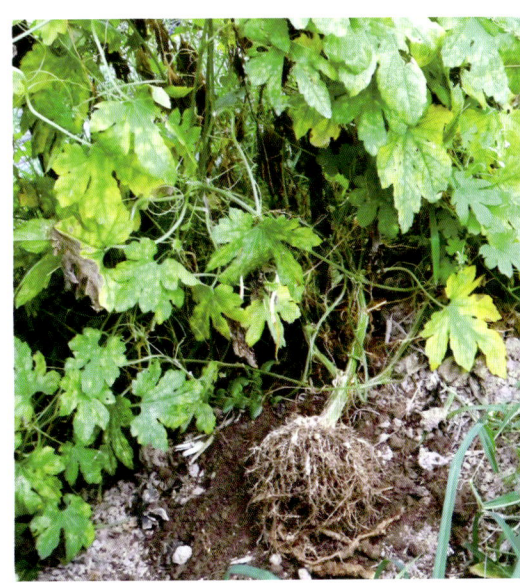

重病植株叶片褪绿发黄,生长发育不良,结瓜少而小

美洲斑潜蝇

学名 Liriomyza sativae Blanchard

别名 蔬菜斑潜蝇、蛇形斑潜蝇、甘蓝斑潜蝇等

美洲斑潜蝇属双翅目潜蝇科。原产地为南美洲，自1993年传入我国海南后，迅速扩展到其他省份。寄主范围广，可为害丝瓜、黄瓜、西葫芦、蒲瓜、甜瓜、西瓜、冬瓜、番茄、茄子、辣椒、豇豆、蚕豆、大豆、菜豆、芹菜、蓖麻、大白菜、棉花、油菜、烟草等22科130多种作物。

■ 形态特征

成虫 体长1.3～1.8毫米，体黑色，额亮黄色，侧额上面部分色暗，

美洲斑潜蝇成虫

甚至黑色，内顶鬃着生于黄与暗色交界处，外顶鬃着生于暗色处。中胸背板亮黑色，小盾片鲜黄色。足基节、腿节黄色。前翅M_{3+4}脉末段长为次末段的3～4倍。

卵 椭圆形，乳白色，半透明，大小（0.2～0.3）毫米×（0.1～0.15）毫米。

幼虫 蛆状，初孵半透明，后变为黄色至橙黄色，老熟幼虫体长2毫米左右，后气门突末端3分叉，其中两个分叉较长，各具1气孔开口。

蛹 椭圆形，鲜黄色至橙黄色，腹面稍扁平，大小（1.7～2.3）毫米×（0.5～0.75）毫米。

发生特点

美洲斑潜蝇在浙江绝大多数地区可周年发生，年发生14～16代，无越冬现象。雌成虫在飞翔中以产卵器刺伤叶

美洲斑潜蝇幼虫

美洲斑潜蝇幼虫潜道由细变宽，连续不间断

美洲斑潜蝇在潜道外化蛹

美洲斑潜蝇为害黄瓜幼苗　　　　　　　美洲斑潜蝇为害黄瓜

美洲斑潜蝇为害丝瓜　　　　　　　严重发生时，整叶布满虫道，导致叶片早衰

片，吸食汁液；雄成虫虽不刺伤叶片，但也在伤口取食。雌成虫把卵产于部分伤口的表皮下，卵经2～5天孵化。幼虫潜入叶片或叶柄为害，产生不规则的蛇形白色虫道，破坏叶绿素，影响光合作用，严重时导致叶片早衰、脱落或毁苗。据报道，受害田块叶蛆率为30%～100%时，减产达30%～

40%。幼虫期4～7天，末龄幼虫咬破叶表皮后在叶片表面或土表下化蛹，蛹经7～14天羽化为成虫。美洲斑潜蝇世代短，繁殖能力强，每世代夏季2～4周，冬季6～8周。

防治要点

①农业防治。合理安排蔬菜布局，尽量避免与茄果类、豆类等作物轮作或套种；适度稀植，增加田间通透性；收获后及时清洁田园，将受害作物的残体集中销毁。②黄板诱杀成虫。从成虫始盛期开始，每亩设置30个诱杀点，每个点放置1张黄板，诱杀成虫，控制为害。悬挂黄板底边约高于作物冠层10厘米，设施栽培中黄板平面与棚室通风口相垂直，露地栽培中黄板平面与主风口相垂直。③药剂防治。在幼虫2龄前（虫道长约0.5厘米），于上午露水干后8:00～11:00、幼虫开始到叶面活动时，选用10%倍内威（溴氰虫酰胺）可分散油悬浮剂1000倍液，或75%灭蝇胺可湿性粉剂5000倍液，或60克/升艾绿士（乙基多杀菌素）悬浮剂1500倍液等喷雾防治。也可在成虫羽化高峰（8:00～12:00），选用4.5%高效氯氰菊酯水乳剂1000倍液等喷雾防治。注意药剂交替使用，用足药液量。

专家提醒

美洲斑潜蝇的蛹常在表土层中羽化，采取全园地膜覆盖，可有效阻截蛹落入表土层中，大大降低羽化率，从而减轻为害。

喷雾防治药剂尽可能安排在上午8:00～11:00进行，此时正值成虫羽化和幼虫在叶面活动的高峰期，也是老熟幼虫从虫道钻出化蛹的时间，可实现成虫、幼虫兼治，防效最佳。

南亚果实蝇

学名 *Bactrocera tau* (Walker)

别名 南瓜实蝇、南亚寡鬃实蝇、瓜蛆、蹦蹦虫

南亚果实蝇属双翅目实蝇科,是重要的检疫性害虫。其取食范围很广,可为害16个科80余种植物,尤喜嗜食南瓜、甜瓜、丝瓜、苦瓜和冬瓜等蔬菜作物。

■ 形态特征

南亚果实蝇成虫

成虫 体和翅均约长5.7～10.5毫米,黑色与黄色相间;中胸背板黑色具橙色或红褐色区,具缝后侧和缝后中黄色条3条,缝后侧黄色条终止于翅内鬃着生处或其之后处,缝后中黄色条泪珠状;小盾片较扁平,黄色,具黑色基横带,小盾鬃2对;翅斑褐色,前缘带于翅端扩成1椭圆形斑,该斑占据R_{4+5}室宽度的1/3;dm-cu和r-m横脉上均无横带;腹部背板分离,黄色至橙褐色;第二和第三腹背板的前部各具1黑色横带,第四和第五腹背板的前侧部常具黑色短带,黑色中纵条自第三腹背板的前缘伸达第五腹板后缘。

卵 梭形，长约1毫米，乳白色，一端钝圆，另一端尖并略向内弯曲。

幼虫 共3龄。蛆形，老熟幼虫体长约10毫米，乳白或淡黄色。前端小而尖，后端大而圆。有气门2个。前气门呈环状，后气门片新月形。

蛹 椭圆形，长约5毫米，宽约2.5毫米，黄褐色，体躯有较浅的分节。

发生特点

南亚果实蝇在我国年发生1~8代，世代重叠严重。杭州年发生3~4代，黄岩年发生5代，厦门年发生8代。成虫羽化出土的时间，伴随季节有显著差异，夏季15~20天，冬季长达3~4个月，羽化多为上午时段，集中在上午8:00—9:00。羽化后性成熟需要8~14天。交尾完成后第三天雌虫开始产卵，雌虫偏好在寄主新伤口或裂缝处产卵，每处产卵孔卵数可达几十粒。幼虫取食果肉，直至落果，发育成熟后钻出入地化蛹，入土深度视土

南亚果实蝇雌成虫产卵痕

南亚果实蝇卵

南亚果实蝇幼虫

南亚果实蝇蛹(放大图)

南亚果实蝇为害黄瓜

壤的松紧程度而异，一般为2～3厘米，少数幼虫选择在其取食的果肉残体内化蛹。幼虫有弹跳性，当幼虫离开受害瓜果时就迅速弹跳移动，寻找栖息化蛹场所。南亚果实蝇主要以卵和幼虫随寄主果实传播。一年中以1—5月和10—12月的虫口密度最高。

南亚果实蝇为害丝瓜

防治要点

①农业防治。合理安排田间种植布局，避免连片种植南亚果实蝇嗜食的寄主作物，采取水旱轮作等种植模式，错开发生高峰期；清洁田园，及时摘除被害瓜，收集落地烂瓜，并集中销毁；结合栽培管理进行翻耕灭蛹，灌水灭蛹等；在幼瓜、幼果期、成虫未产卵前进行套袋保护。②理化诱控。在幼瓜、幼果期，每亩设置40个诱杀点，每个点放置1张黄板，诱杀成虫；或悬挂实蝇诱捕器，内放置食诱剂或性诱剂诱芯，挂在距地面1.5米阴凉处或矮生作物上部15～20厘米处，诱芯每20天左右更换一次，诱捕器间隔10米左右，点状分布，成虫高峰期可在瓜园周边增挂诱捕器。③药剂防治。在成虫盛发期，选用75%灭蝇胺可湿性粉剂5000倍液，或60克/升艾绿士（乙基多杀菌素）悬浮剂1500倍液，或10%倍内威（溴氰虫酰胺）可分散油悬浮剂1000倍液等喷雾防治。

烟粉虱

学名　*Bemisia tabaci* (Gennadius)

别名　棉粉虱、甘薯粉虱

烟粉虱属半翅目粉虱科，是一种世界性害虫，包括至少39个生物型或隐种。寄主广泛，可为害葫芦科、茄科、十字花科、豆科、锦葵科等绝大多数蔬菜。目前我国为害瓜菜的烟粉虱主要有B型和Q型。

■ 形态特征

成虫　雌虫体长约0.91毫米，翅展约2.13毫米；雄虫体长约0.85毫米，翅展约1.81毫米。体淡黄白色至白色，双翅白色无斑点，翅面具白色细小蜡粉。前翅静止时左右翅合拢呈屋脊状，通常两翅中间可看到黄色的腹部。

烟粉虱成虫常雌（大）雄（小）成对取食为害

烟粉虱成虫（显微摄影200倍）

卵 椭圆形，长约0.2毫米，顶端尖，基部有卵柄，卵柄插入叶表裂缝中，与叶面垂直。初产时淡黄绿色，后颜色逐渐加深，孵化前呈琥珀色至深褐色。

若虫 共4龄。椭圆形，1～3龄若虫淡绿色至黄色，4龄若虫黄色或橙黄色。1龄若虫体长约0.27毫米，宽约0.14毫米，有3对足（4节）和1对触角（3节），腹部平，背部隆起，周围有蜡质短毛，尾部有长毛2条。2龄和3龄若虫体长分别约为0.36毫米和0.50毫米，足和触角退化至1节，体缘分泌蜡质固定于叶片。4龄若虫体长0.55～0.77毫米，体宽0.36～0.53毫米，背面有1～7对粗壮刚毛或无毛，管状孔三角形，舌状器明显伸出于盖瓣之外，呈长匙形，后期不再取食阶段称伪蛹或拟蛹，蜕下的皮为蛹壳，蛹壳边缘薄或自然下垂，周缘无蜡。

烟粉虱若虫及成虫

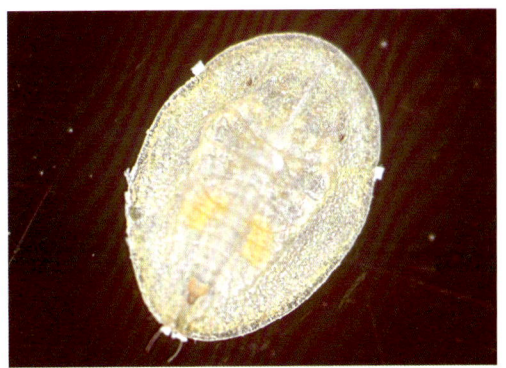
烟粉虱若虫（显微摄影200倍）

烟粉虱引起黄瓜病毒病

烟粉虱引起黄瓜病毒病

烟粉虱诱发黄瓜煤污病

发生特点

烟粉虱主要在热带、亚热带及相邻的温带地区发生,年发生11~15代,世代重叠。在自然条件下一般以卵或成虫在杂草上越冬,在设施栽培中各种虫态均可越冬。成虫可在植株内或植株间作短距离扩散,大范围的苗木、种子调运使其长距离传播,还可借助风力或气流作长距离迁移。

烟粉虱引起葫芦银叶反应

成虫喜欢无风温暖天气,有趋黄性,气温低于12℃停止发育,14.5℃开始产卵,适宜其生长发育的温度为21~33℃,高于40℃时成虫死亡;相对湿度低于60%时成虫停止产卵或死去。成虫寿命10~24天,产卵期2~18天。夏季成虫羽化后1~8小时内交配,春季、秋季羽化后3天内交配。每雌平均产卵66~300粒,产卵量依温度、寄主植物和地理种群不同而异。卵多不规则散产于植株中部嫩叶背面(少见叶正面),夏季卵期3天,冬季33天。若虫变化复杂,除1龄若虫能自由活动外,其余龄期后足退化,固定在原位直到成虫羽化。若虫龄期11~92天,其中伪蛹期2~8天。由于该虫繁殖力强,种群数量庞大,几乎每月出现一次种群高峰,每代15~40天。暴风雨能抑制其大发生,高温干旱季节发生重。

烟粉虱主要以成虫、若虫刺吸植株汁液为主,引起植物生理异常,导致受害叶片褪绿、萎蔫或枯死;分泌大量蜜源,诱发煤污病,严重影响作物的光合作用，使植株生长不良；传播双生病毒等多种植物病毒，常导致植物病毒病大流行，使作物严重减产甚至绝收。

■ 防治要点

①农业防治。育苗前清除杂草和残留株，彻底杀死残留虫源，培育无虫苗；避免黄瓜、番茄、豆类混栽或与十字花科蔬菜进行换茬，以减轻发生；田间作业时，结合整枝打杈，摘除植株下部枯黄老叶，以减少虫源。在设施栽培中秋冬茬种植烟粉虱不喜好的半耐性叶菜，如芹菜、生菜、韭菜等，从越冬环节切断其自然生活史。②保护地在夏季休闲时，密闭通风口，进行高温闷棚，利用棚内50℃的高温杀死虫卵，持续两周左右。冬季换茬时裸露1~2周，利用外界的低温有效杀死各虫态烟粉虱。③黄板诱杀成虫。从成虫始盛期开始，每亩设置30个诱杀点，每个点悬挂1张黄板，诱捕成虫，控制为害。悬挂黄板底边约高于作物冠层10厘米，设施栽培中黄板平面与棚室通风口相垂直，露地栽培中黄板平面与主风向相垂直。④药剂防治。在1~2龄若虫始盛期，选用22%特福力（氟啶虫胺腈）悬浮剂1500倍液，或10%倍内威（溴氰虫酰胺）可分散油悬浮剂500倍，或10%隆施（氟啶虫酰胺）水分散粒剂1500倍液，或24%亩旺特（螺虫乙酯）悬浮剂1500倍液，或22%威得勇（螺虫·噻虫啉）悬浮剂1500倍液，或25%阿克泰（噻虫嗪）水分散粒剂8000倍液等喷雾防治。注意交替用药，以延缓抗药性的产生。

专家提醒

烟粉虱极易对农药产生抗药性，在进行药剂防治时应尽量选用对天敌杀伤力小的选择性药剂，并合理轮用、混用不同作用机理的农药和严格控制使用浓度，以避免或延缓抗药性的产生，延长药剂使用寿命，保障防治效果。

瓜蚜

学名 *Aphis gossypii* Glover

别名 棉蚜、油虫、蜜虫、腻虫

瓜蚜属半翅目蚜科，田间常和桃蚜、萝卜蚜等混合发生。除直接为害黄瓜、南瓜、西葫芦、西瓜、葫芦、豆类、茄子、菠菜、葱、洋葱、棉花、烟草、甜菜等多种作物外，还能传播病毒病，造成更大危害。在全国各地均有分布。

形态特征

瓜蚜的形态具多型性，在不同时期、不同寄主上其形态有明显差异。主要有以下几种：

干母 从越冬卵孵化出来的成熟个体。宽卵圆形，体长约1.6毫米，体茶褐色至暗绿色。触角5节，长度约为体长的一半。复眼红色，无翅，营孤雌生殖。

无翅胎生雌蚜 卵圆形，体长1.5～1.9毫米，夏季黄绿色，春秋季深绿色，体表常被白蜡粉。触角约为体长的3/4，触角第三节无感觉圈，第五节有1个，第六节膨大部有3～4个，且第六节鞭状部的长度约等于基部2节长度的4倍。复眼暗红色。腹管较短，约为

瓜蚜为害黄瓜叶片

瓜蚜若蚜

瓜蚜为害黄瓜瓜条

体长的1/5,黑色或青色,圆筒形,基部稍宽。尾片黑色或青色,两侧各具毛3根。

有翅胎生雌蚜 梭形,体长1.2～1.9毫米,黄色、浅绿色至深绿色,前胸背板及胸部黑色。触角略短于体长,比无翅胎生雌蚜长,第三节上有5～8个感觉圈,第五节末端有1个。腹部黄绿色,背面两侧伴有3～4对黑斑。有翅2对,透明,中脉3分叉。腹管、尾片与无翅胎生雌蚜相同。

性母 体黑色,有翅。触角第三节有感觉圈8～10个,第四节0～2个,第五节末端1个,第六节膨大部有一群感觉圈。

无翅产卵雌蚜 体长1.28～1.40毫米,体灰褐色,有灰白色薄蜡粉。触角5节,感觉圈着生于第四、五节。后足腿节粗大,上有排列不规则的感觉圈数十个。

有翅雄蚜 体长1.28～1.40毫米,体红色。触角6节,感觉圈生于第三、五、六节。腹管较有翅胎生雌蚜短小,灰黑色。

卵 椭圆形，长径 0.49～0.69 毫米，短径 0.23～0.36 毫米，初产时橙黄色，后变成漆黑色，有光泽。

无翅若蚜 共 4 龄，末龄体长约 1.63 毫米，夏季体淡黄色至黄绿色，春秋季为蓝灰色，复眼红色。触角节数因龄期不同而异，末龄若蚜触角 6 节。

有翅若蚜 共 4 龄，夏季黄色，春秋季为灰黄色，3 龄后可见翅蚜 2 对，翅蚜后半部为灰黄色。腹部第一、六节的中侧和第二、三、四节两侧各具 1 个白色圆斑。

发生特点

浙江及长江中下游地区年发生 20～30 代。以卵在瓜类、花椒、木槿、石榴、菊花、苦菜等越冬寄主上越冬。翌年春季，当 5 日平均气温达 6℃以上时越冬卵开始孵化，在越冬寄主上繁殖 2～3 代后，于 4 月底产生有翅雌蚜迁入寄主作物繁殖，为害刚出土的幼苗。5 月下旬至 6 月上旬进入为害高峰期，7 月中旬至 8 月上旬为猖獗为害期。秋季寄主作物衰老时，迁回越冬寄主上，产生唯一的一

瓜蚜为害黄瓜叶片

瓜蚜为害冬瓜叶片

代雄蚜，与雌蚜交配后在芽腋处产卵越冬。

瓜蚜按季节可分为苗蚜和伏蚜。苗蚜发生在出苗到6月底，适应偏低的温度。伏蚜发生在7月中下旬至8月，适应偏高的温度。瓜蚜最适繁殖温度16～22℃，每雌可产若蚜60多头。春、秋季10余天完成一代，夏季4～5天一代，田间世代重叠。有翅蚜对黄色有正趋性，对银灰色有负趋性。高温高湿条件和雨水冲刷，不利于瓜蚜生长发育，为害程度减轻。当相对湿度超过75%时，瓜蚜的发育和繁殖受抑制。干旱少雨年份发生重。冬季气温高，越冬卵量多，孵化率高，翌年发生重。瓜蚜是多种蔬菜病毒病的重要传播媒介，有时其传毒所带来的危害要远超本身所造成的危害。

瓜蚜为害南瓜叶片

防治要点

①采取防虫网覆盖育苗。②清除菜田周围蚜虫越冬场所，杀灭木槿、石榴等植物上的瓜蚜越冬卵。设施栽培中发现冬季有越冬蚜时，应及时防治。前作收获后及时清理田间残株败叶，铲除杂草。菜地周围种植玉米屏障，可阻止蚜虫迁入。③采用黄板诱杀有翅蚜，或在田间覆盖银灰膜以驱避蚜虫，每亩用膜5千克。④药剂防治。在瓜蚜点片发生期，选用50克/升英威（双丙环虫酯）1500倍液，或22%特福力（氟啶虫胺腈）悬浮剂1500倍液，或10%倍内威（溴氰虫酰胺）可分散油悬浮剂1000倍液，或10%隆施（氟啶虫酰胺）水分散粒剂1500倍液，或25%阿克泰（噻虫嗪）水分散粒剂8000倍液，或25%吡蚜酮可湿性粉剂1000～1500倍液，或20%呋虫胺可溶粒剂3000倍液，或10%啶虫脒微乳剂2000倍液等喷雾防治。重点喷施植株嫩叶、嫩梢、花序、花蕾和叶片背面等。

棕榈蓟马

学名　*Thrips palmi* Karny

别名　瓜蓟马、棕黄蓟马、节瓜蓟马、南黄蓟马

棕榈蓟马属缨翅目蓟马科,主要为害节瓜、黄瓜、西瓜、冬瓜、苦瓜、茄子、甜椒、大豆、豇豆、菜豆等多种蔬菜。

形态特征

成虫　体长约1毫米,橙黄色,头近方形,触角共7节,第三节与第四节上有明显的叉状感觉锥,红色单眼3个,三角形排列,单眼间鬃位于单眼间连线外缘。前胸后缘有缘鬃6根,翅透明细长,周缘有细长毛,腹部偏长。

卵　长椭圆形,长0.2毫米左右,初产时无色透明或乳白色。

若虫　初孵若虫极微细,体白色,复眼红色。1、2龄若虫体色渐转黄,无单眼及翅芽,有1对红色复眼,爬行迅速。

预蛹　又称3龄

棕榈蓟马若虫(显微摄影)

棕榈蓟马成虫

棕榈蓟马为害丝瓜花

若虫，体淡黄白色，无单眼，长出翅芽，长度到达第三、四腹节，触角向前伸展。

蛹 又称4龄若虫、伪蛹，体黄色，3只单眼，单眼红色，翅芽较长，伸达腹部五分之三，触角沿身体向后伸展，不取食。

发生特点

浙江及长江中下游地区棕榈蓟马年发生10～12代，世代重叠严重。多以成虫在茄科植物、豆科植物及杂草上，或在土缝下、枯枝落叶中越冬，少数以若虫越冬。棕榈蓟马成虫活跃、善飞、怕光，具有趋嫩性，多在瓜类嫩梢或幼瓜的毛丛中取食，少数在叶背为害。阴天、傍晚时出来活动。每雌平均产卵50粒，卵产于生长点幼瓜的茸毛内。可营孤雌生殖和两性生殖，初孵若虫群集为害，1～2龄多在植株幼嫩部位取食和活动，老熟若虫落入表土"化蛹"。

棕榈蓟马的发育适温为15～32℃。卵历期5～6天，若虫期9～12天。棕榈蓟马主要以成虫和若虫锉吸植株心叶、嫩梢、嫩芽、花和幼果的汁液，造成被害植株嫩叶、嫩梢变硬缩小，生长缓慢，节间缩短；幼果受害后

棕榈蓟马成虫与若虫为害南瓜花

表面产生黄褐色斑纹或锈皮，毛茸变黑，甚至畸形或造成落果。同时在其为害过程中还可以通过口器传播植物病毒。浙江及长江中下游地区越冬代成虫在5月上中旬始见，6—7月数量上升，8—9月为害高峰期，在夏秋高温季节发生严重。

防治要点

①农业防治。秋冬季清洁田园，消灭越冬虫源；加强肥水管理，使植株生长健壮，可减轻发生为害。②蓝板诱杀。利用棕榈蓟马趋性，在成虫盛发期，每亩设置蓝板25～30张诱杀成虫。③药剂防治。在成虫盛发期或每株若虫达到3～5头时，选用60克/升艾绿士（乙基多杀霉素）悬浮剂1500倍液，或10%倍内威（溴氰虫酰胺）可分散油悬浮剂1500倍，或22%特福力（氟啶虫胺腈）悬浮剂1500倍液，或10%隆施（氟啶虫酰胺）水分散粒剂1500倍液等喷雾防治，开始每隔5天施用1次，连续防治2次，以压低虫口数量，以后视虫情每隔7～10天施用1次，连续防治2～3次。注意交替使用防治药剂。

朱砂叶螨

学名 *Tetranychus cinnabarinus* (Boisduval)
别名 红蜘蛛、棉红蜘蛛、棉叶螨、红叶螨

朱砂叶螨属蛛形纲真螨总目绒螨目叶螨科，主要为害茄科、葫芦科、豆科、百合科等多种作物，全国各地均有分布。在田间朱砂叶螨、截形叶螨、二斑叶螨等近似种常混合发生。

■ 形态特征

成螨 椭圆形，雌螨体长约0.48毫米，宽约0.31毫米，雄螨体小，长约0.36毫米，宽约0.2毫米，体色常随寄主植物而异，多为锈红色或深红色，雄螨体色比雌螨稍浅。有足4对，无爪，足和体背有长毛。体背两侧各有1个黑褐色长斑，有时长斑合成前后2个。雄螨头胸部前端近圆形，腹末

朱砂叶螨为害黄瓜

稍尖，阳具弯向背面、端部膨大，形成端锤。

卵 圆球形，长约0.13毫米，有光泽。初产时无色透明，后渐变为浅黄色至深黄色，孵化前转为微红。

幼螨 初孵时近半球形，色泽透明，浅黄色或黄绿色，长约0.15毫米，有足3对。取食后体色变暗绿。

若螨 体长约0.21毫米，足4对。体形及体色与成螨相似，体侧出现明显的块状色斑，但个体较小。有前若螨期和后若螨期。

发生特点

朱砂叶螨在华北等地年发生12～15代，浙江及长江中下游地区为18～20代，华南地区为20代以上，世代重叠严重。在浙江以雌成螨和卵在寄主作物枯枝落叶内或土缝中、杂草丛中、树皮缝中越冬。

朱砂叶螨的发育起点温度为7.7～8.5℃，翌年春季气温达10℃以上时，越冬雌成螨开始活动和繁衍。在浙江及长江中下游地区，3—4月先在杂草或其他寄主植物上取食，多于4月下旬至5月上中旬迁入菜田，6—8月是为害高峰期，10月中下旬开始越冬。

朱砂叶螨以两性生殖为主，成螨羽化后即交配，一生可多次交配，第二天就可产卵。每雌产卵50～110粒，多单产于叶背，受精卵发育成雌螨，反之为雄螨。也可营孤雌生殖，但其后代基本全为雄性。卵的发育历期在24℃时为3～4天，29℃时为2～3天；幼螨和若螨发育历期为5～11天，成螨寿命为19～29天。朱砂叶螨在田间先点片为害下部叶片，而后向上蔓延，叶片愈老受害愈重。繁殖数量过多时，常在叶端群集成团，而后爬行或垂丝下坠借助风力扩散。朱砂叶螨以成螨、若螨在叶背刺吸植物汁液，发生量大时叶片灰白，生长停滞，并在植物上结成丝网。严重发生时可导致叶片枯焦脱落，如火烧状。

朱砂叶螨的最适温度为25～30℃，最适相对湿度为35%～55%。当温度达30℃以上和相对湿度超过70%时，则不利于其繁殖。暴雨对虫口密度也有较好的抑制作用。该虫在高温低湿的6—7月为害较重，尤其在干旱

朱砂叶螨成螨与卵

朱砂叶螨为害状

年份更容易大发生。植株叶片愈老，含氮越高，朱砂叶螨也随之增多；粗放管理或植株长势衰弱，为害加重。

防治要点

①清除田间枯枝落叶和杂草，并耕作、整理土地，以减少越冬虫源。②利用天敌，如深点食螨瓢虫、七星瓢虫、异色瓢虫、食螨瘿蚊、小花蝽、中华草蛉等控制螨害。③药剂防治。在成螨和若螨始盛期，可选用20%金满枝（丁氟螨酯）悬浮剂2000倍液，或43%爱卡螨（联苯肼酯）悬浮剂3000倍液，或95克/升螨即死（喹螨醚）乳油2000～3000倍液，或110克/升来福禄（乙螨唑）悬浮剂3000倍液，或240克/升螨危（螺螨酯）悬浮剂4000倍液，或30%宝卓（乙唑螨腈）悬浮剂3000倍液，或30%满肃静（腈吡螨酯）悬浮剂2000倍液等喷雾防治。

黄足黄守瓜

学名 *Aulacophora femoralis chinensis* Weise

别名 瓜守、瓜叶虫、黄萤、黄虫等

黄足黄守瓜属鞘翅目叶甲科。寄主广泛，可为害葫芦科、十字花科、茄科、豆科等多种蔬菜，全国各地均有分布，以长江流域及以南地区发生最重，为害最烈。

形态特征

成虫 长椭圆形，体长约9毫米，体橙黄、橙红或带棕色，有光泽，但复眼、上唇、中后胸腹面及腹部腹面为黑色。前胸背板有一波浪形凹沟。

黄足黄守瓜成虫

黄足黄守瓜群集为害瓠瓜叶片

严重发生时,造成叶片大量缺刻而早衰枯死

卵 近椭圆形，长约1毫米，初产鲜黄色，孵化前呈黄褐色，表面有六角形蜂窝状网纹。

幼虫 共3龄。体细长，圆筒形，老熟幼虫体长约12毫米，初孵乳白色，老熟时呈黄白色，但头黑褐色，前胸背板黄褐色，尾端臀板腹面有肉质足状突起，上生微毛。

蛹 裸蛹，近纺锤形，长约9毫米，黄白色，头顶、腹部、尾端有粗短的刺。

发生特点

长江流域年发生1~2代，华南地区2~3代。以成虫在避风向阳的杂草、落叶及土壤缝隙中潜伏越冬。翌年春季土温达10℃时，开始出来活动，在杂草及其他作物上取食，再迁移到瓜田为害瓜苗。在年发生1代区域，越冬成虫5—8月产卵，6—8月是幼虫为害高峰期。8月成虫羽化后为害秋季瓜菜，10—11月逐渐进入越冬场所。成虫喜在瓜根附近潮湿的表土内或瓜下的土中产卵，壤土中产卵最多，黏土次之，沙土最少。卵散产或堆产，每雌可产卵4~7次，每次平均约30粒。产卵量与温度、湿度有关，气温在24℃左右时为产卵盛期，温度适宜时，湿度越高产卵越多，雨后常出现产卵量激增。卵期10~14天，幼虫孵化后随即潜入土中为害植株细根，3龄以后为害主根。幼虫期19~38天。幼虫老熟后在为害部位根际附近土下10~15厘米处筑土室化蛹。前蛹期约4天，蛹期12~22天。成虫行动活泼，遇惊即飞，有假死性，但不易捕捉；喜温好湿，中午活动最盛，耐热性强、抗寒力差，南方地区发生较重；耐饥力强，取食后10天不取食仍可生存；有趋黄习性，稍有群集性。

黄足黄守瓜喜食葫芦科蔬菜，成虫以虫体作为中心、身体为半径，在叶片上旋转咬食一圈，然后在圈内取食，形成环形或半环形缺刻；咬食嫩茎造成死苗，还为害花及幼瓜。成虫为害花苞或花朵时，其红棕色黏稠状分泌物对花常造成污染，受害的花朵完全失去结瓜能力。幼虫在土中咬食根茎，低龄幼虫为害细根，3龄以后食害主根，钻食在木质部与韧皮部之

黄足黄守瓜群集为害丝瓜花

黄足黄守瓜群集为害黄瓜瓜条

黄足黄守瓜雌雄成虫交尾

间，常使瓜秧萎蔫死亡。3龄幼虫还可蛀食贴地生长的瓜果，引起瓜果内部腐烂。

防治要点

①农业防治。瓜类蔬菜与十字花科蔬菜、莴苣、芹菜、葱蒜等轮作、间作或套种，在苗期种植适量高秆作物。冬前彻底清除田间杂草、残枝落叶，填平土缝，破坏越冬场所，减少越冬虫源。利用温床早育苗，早移栽，避开瓜苗受害敏感期，减轻受害程度。②物理防治。采用全田地膜覆盖栽培，在瓜苗茎基周围地面撒布草木灰、麦芒、麦秆、木屑等，以阻隔成虫在瓜苗根部产卵。③药剂防治。播前或移栽前，选用每亩0.5%根卫（噻虫胺）颗粒剂5千克等在整地时混入耕土层。在幼虫盛发期，选用48%福利星（噻虫胺）悬浮剂250倍液，或40%辛硫磷乳油1000倍液等灌根防治。在成虫盛发期，选用10%倍内威（溴氰虫酰胺）可分散油悬浮剂1500倍液，或300克/升度锐（氯虫·噻虫嗪）悬浮剂2000倍液，或24%雷通（甲氧虫酰肼）悬浮剂3000倍液，或5%啶虫脒乳油1000倍液等喷雾防治。

黄足黄守瓜幼虫及其为害状

> **专家提醒**
>
> 瓜类幼苗期受黄足黄守瓜为害最严重，此时防治关键是控制成虫为害和产卵，移栽后灌根防治幼虫是保苗的关键，植株长大后，重点抓好成虫的防治。由于瓜类蔬菜苗期抗药力弱，对不少药剂比较敏感，易产生药害，应注意严格掌握施药浓度。

黄足黑守瓜

学名 *Aulacophora lewisii* Baly

别名 柳氏黑守瓜、黑瓜叶虫、黄胫黑守瓜

黄足黑守瓜属鞘翅目叶甲科，主要为害瓜类蔬菜，以丝瓜、苦瓜为害最严重。

形态特征

成虫 长椭圆形，体长5.5～7毫米，宽3～4毫米，橙黄色或橙红色，仅鞘翅、复眼和上颚顶端黑色。

黄足黑守瓜成虫

卵 椭圆形，长约1毫米，初产黄色，临近孵化时呈白色，表面有六角形蜂窝状网纹。

幼虫 共3龄。初孵幼虫长约3毫米，黄白色，体表生有很多的微毛，随生长发育微毛逐渐消失，臀板上有纵行凹纹4条，2龄后纵行凹纹消失，成为白色的小斑点；3龄幼虫长约12毫米，长圆筒形，头部黄褐色，胸腹部黄白色，臀板腹面有肉质突起，腹部末节臀板黑色、长椭圆形，向后方伸出，每个腹节上都有10个椭圆形斑纹，形状、排列方式相同。

蛹 裸蛹，纺锤形，长约9毫米，灰黄色，头顶、前胸及腹节均有刺毛，腹部末端左右有指状突起，上附刺毛3～4根。

发生特点

参见"黄足黄守瓜"。黄足黑守瓜比黄足黄守瓜发生迟，为害作物的种类较少，以丝瓜受害较重。

黄足黑守瓜为害丝瓜花

防治要点

参照"黄足黄守瓜"。

瓜绢螟

学名　*Diaphania indica* (Saunders)
别名　瓜螟、瓜野螟

瓜绢螟属鳞翅目螟蛾科，主要为害黄瓜、丝瓜、苦瓜、冬瓜、甜瓜、西瓜等瓜果类蔬菜。

形态特征

成虫　体长约11毫米，翅展23～26毫米。头、胸部黑色，腹部第一至第四节白色，第五、六节黑褐色，末端左右两侧各有一簇黄褐色毛丛。前、后翅白色半透明，略有紫色金属光泽，前翅前缘和外缘、后翅外缘有1条黑色带。

卵　椭圆形，扁平，淡黄色，表面有网纹。

幼虫　共5龄。初孵幼虫体透明，头黑色，体长1.2～1.5毫米，取食后增长至2～3毫米，体呈金黄色细线状，体表长有零星白色刚毛。2龄幼虫体

瓜绢螟成虫

瓜绢螟卵

瓜果类蔬菜病虫原色图谱（第二版）

瓜绢螟初孵幼虫

瓜绢螟初孵幼虫多在叶背的叶脉间活动

瓜绢螟低龄幼虫

瓜绢螟高龄幼虫

瓜绢螟老熟幼虫吐丝结茧

瓜绢螟幼虫为害南瓜

瓜绢螟幼虫为害丝瓜嫩梢

瓜绢螟幼虫为害黄瓜后化蛹

瓜绢螟蛹

瓜绢螟幼虫为害丝瓜、瓠瓜、苦瓜瓜条

长4～8毫米。从2龄幼虫开始，头部和前胸背板呈淡褐色，胸腹部草绿色，头部至腹末背部出现2条白色纵带（亚背线），随着虫龄增长，白色纵带增白加宽，气门黑色。3龄幼虫体长11～15毫米，嫩绿色，第二体节背部出现4个黑色圆点。4龄幼虫体长17～21毫米，草绿色。5龄幼虫体长23～26毫米，老熟幼虫（5龄末期）背部2条白色纵带逐渐消失。

蛹 体长约14毫米，深褐色，头部光滑而尖瘦，翅端达第六腹节。外被白色薄茧。

发生特点

瓜绢螟在浙江及长江中下游地区年发生5～6代，世代重叠。多以老熟幼虫和蛹在枯叶或表土中越冬。成虫趋光性弱，昼伏夜出，每雌平均产卵300粒左右，卵多产于叶片背面。初孵幼虫取食植株生长点和幼嫩叶片下表皮及叶肉，残留表皮成网斑；3龄后开始吐丝将叶片或嫩梢卷起并藏匿其中取食；高龄幼虫可为害瓜果，啃食表皮而后钻入瓜内，取食皮下瓜肉。

不同龄期瓜绢螟幼虫取食冬瓜叶片

幼虫活泼,受惊后吐丝下垂,转移到他处为害。老熟幼虫在卷叶内或表土中作茧化蛹。

瓜绢螟最适宜幼虫发育温度26~30℃,相对湿度80%~90%,卵历期2~4天,幼虫历期7~10天,蛹历期6~8天。浙江常年越冬代成虫在5月中旬至6月上旬灯下始见,为害高峰期在8—10月。年份间为害程度极不平衡,近年来秋季为害日益趋重。

防治要点

①农业防治。结合农事操作,捏杀部分幼虫和蛹;采收结束后,及时清理瓜蔓等植株残体和种植地周边杂草;秋冬季清洁田园,消灭枯枝落叶中的越冬虫蛹;选择芹菜、韭菜、葱蒜类、玉米等作物轮作;冬闲田要及时翻耕土壤晒田。②灯光诱杀。大型生产基地可每30亩左右安装1盏杀虫灯,利用成虫趋光性诱杀成虫,降低田间落卵量。③药剂防治。在卵孵高峰期至2龄幼虫盛发期(未卷叶前),选用10%倍内威(溴氰虫酰胺)可分散油悬浮剂1500倍液,或60克/升艾绿士(乙基多杀菌素)悬浮剂2000倍液,或50克/升美除(虱螨脲)乳油1500倍液,或10%除尽(虫螨腈)悬浮剂900倍液,或150克/升凯恩(茚虫威)乳油3500倍液,或240克/升雷通(甲氧虫酰肼)悬浮剂3000倍液等喷雾防治,注意交替用药。

斜纹夜蛾

学名 *Spodoptera litura* (Fabricius)

别名 斜纹夜盗蛾、莲纹夜蛾、莲纹夜盗蛾、花虫等

斜纹夜蛾属鳞翅目夜蛾科,为间歇性暴发的暴食性害虫。食性极杂,寄主植物近100科300多种,在蔬菜上主要为害瓜类、茄科、十字花科、豆科、菠菜、葱、空心菜、土豆、莲藕、芋等。斜纹夜蛾在全国各地均有分布,是我国农业生产上重要害虫之一,多次造成灾害性为害。

形态特征

成虫 体长14~20毫米,翅展30~40毫米,深褐色。前翅灰褐色,多斑纹,从前缘基部向后缘外方有3条白色宽斜纹带,雄蛾的白色斜纹不及

斜纹夜蛾低龄幼虫及其为害状

斜纹夜蛾低龄幼虫

雌蛾的明显。后翅白色,无斑纹。

卵 扁半球形,块产成3～4层的卵块,表面覆盖有灰黄色的疏松绒毛。

幼虫 共6龄,老熟幼虫体长35～47毫米。体色多变,从中胸到第八腹节上有近似三角形状的黑斑各1对,其中第一、七、八腹节上的黑斑最大。

蛹 圆筒形,末端细小,体长15～20毫米,赤褐色至暗褐色,腹部背面第四至七节近前缘处各密布圆形小刻点,有1对强大而弯曲的臀刺。

◆ 发生特点

斜纹夜蛾从华北到华南年发生4～9代,华南及台湾等地可终年为害,浙江及长江中下游地区常年发生5～6代,世代重叠。常年浙江第一代为6月中下旬至7月中下旬,全代历期25～35天;第二代为7月中下旬至8月上中旬,全代历期24～28天;第三代为8月上中旬至9月上中旬,全代历期27～30天;第四代为9月上中旬至10月中下旬,全代历期30～35天;第五代为10月中下旬至11月下旬或12月上旬,全代历期45天以上。11月下旬至12月上旬以老熟幼虫或蛹越冬。

成虫昼伏夜出,飞翔力强,白天躲藏在植株茂密的叶丛中,黄昏时飞回开花植物,并对光、糖醋液及发酵物质有趋性。产卵前需取食蜜源补充营养,卵多产于植株中下部的叶片背面,每雌平均可产卵3～5块,每块有卵400～700粒。初孵幼虫在卵块附近昼夜取食叶肉,留下叶片的表皮,将

斜纹夜蛾初孵幼虫为害瓠瓜

叶片取食成不规则形的透明白斑，遇惊扰后四处爬散或吐丝下坠或假死落地。2~3龄开始分散转移为害，也仅取食叶肉。4龄后昼伏夜出并食量骤增，晴天在植株周围的阴暗处或土缝里潜伏，在阴雨天气的白天也有少量个体出来取食，多数在傍晚后出来为害，黎明前又躲回阴暗处。有假死性及自相残杀现象。4~6龄幼虫取食量占全代的90%以上，将叶片取食成小孔或缺刻，严重时可吃光叶片，并为害幼嫩茎秆或取食植株生长点，为害后造成的伤口和污染使植株易感染各类病害。在田间虫口密度过高时，幼虫有成群迁移习性。幼虫老熟后，入土1~3厘米，作土室化蛹。

斜纹夜蛾属喜温性害虫，抗寒力弱，发生为害最适环境条件为温度28~32℃，相对湿度75%~85%，土壤含水量20%~30%。浙江及长江中下游地区常年盛发期在7—9月，华北地区的黄河流域盛发期为8—9月，华南地区盛发期为4—11月。在28~30℃条件下，卵期3~4天，幼虫期15~20天，蛹期6~9天，成虫寿命5~15天。据室内用不同食料饲养幼虫的实验表明，在相同温度下历期有一定的差异。

■ 防治要点

　　①农业防治。清除杂草，结合田间作业摘除卵块及幼虫扩散为害前的被害叶。②诱杀成虫。越冬代成虫始见期，采用性诱剂诱杀雄蛾，压低虫口基数，每亩设置1个专用干式诱捕器，诱虫孔离地面1米。③药剂防治。在卵孵高峰期，选用10亿PIB/毫升斜纹夜蛾核型多角体病毒悬浮剂500倍液，或5%卡死克（氟虫脲）乳油2000~2500倍液，或50克/升抑太保（氟啶脲）乳油1000倍液等喷雾防治；在低龄幼虫始盛期，选用100克/升格力高（溴虫氟苯双酰胺）悬浮剂3000倍液，或240克/升雷通（甲氧虫酰肼）悬浮剂3000倍液，或22%艾法迪（氰氟虫腙）悬浮剂600~800倍液，或300克/升度锐（氯虫·噻虫嗪）悬浮剂2000倍液，或50克/升美除（虱螨脲）乳油2000倍液，或10%倍内威（溴氰虫酰胺）可分散油悬浮剂1500倍液，或150克/升凯恩（茚虫威）乳油1000倍液等喷雾防治。施药应选择在傍晚太阳下山后进行。

专家提醒

　　第三至五代斜纹夜蛾是为害的关键代次，防治上应采取"压低3代、巧治4代、挑治5代"的防治策略。根据幼虫为害习性，防治适期应掌握在卵孵高峰至低龄幼虫分散前。触杀、胃毒并进，是提高防治效果的关键技术措施，要用足药液量，均匀喷雾在叶面及叶背，使药剂能直接喷到虫体上。同时，尽量使用选择性药剂，加强天敌的保护和利用。

甜菜夜蛾

学名 *Spodoptera exigua* Hübner

别名 贪夜蛾、白菜褐夜蛾、玉米叶夜蛾

甜菜夜蛾属鳞翅目夜蛾科，全国各地均有分布，已成为我国大部分地区农作物上的常发性害虫。甜菜夜蛾食性杂，具有暴发性、突发性等特点，若防治不到位，易造成毁灭性损失。

形态特征

成虫 体长8~10毫米，翅展19~25毫米，灰褐色，头胸有黑点。前翅灰褐色，基部有2条黑色波浪形的外斜线，并各有1个土红色的环形纹和肾形纹；后翅白色，略带粉红，翅脉有黑褐色线条，翅缘灰褐色。

卵 圆馒头状，白色，块产，呈1~3层排列，上覆白色绒毛。

幼虫 共5龄，老熟幼虫体长约22毫米，体色变化大，一般为绿色或暗绿色，也有黄褐色、褐色至黑褐色。不同体色有不同的背线，也有的无背线。腹部气门下有明显的黄白色纵线，有时带粉红色，此线直达腹部末端，但不弯到臀足上。各气门后上方有1白点。

蛹 体长10毫米，黄褐色，臀棘上有刚毛2根，腹面基部亦有极短刚毛2根。

甜菜夜蛾幼虫

■ **发生特点**

甜菜夜蛾卵块

甜菜夜蛾在华北地区年发生3～4代，浙江年发生5～6代。在长江以北地区以蛹在土室内越冬，在华南地区无越冬现象，可终年繁殖。成虫白天躲在荫蔽处，夜间活动，有趋光性。卵多产在植株下部叶背，每雌产卵100～600粒。初孵幼虫在叶背取食，并拉丝结网，咬食叶肉，留下表皮，成透明小孔。集中为害至3龄后即分散为害，并进入暴食期，可将叶片吃成孔洞或缺刻，严重时仅剩叶脉和叶柄。4～5龄幼虫昼伏夜出，食量大增，占总食量的90%左右。幼虫具有假死性，虫口密度大时会自相残杀。老熟幼虫入表土内化蛹，深度0.5～3厘米，也可在植株基部隐蔽处化蛹。卵、幼虫、蛹的发育起点温度为10.9℃、10.9℃和12.2℃，有效积温分别为42.5℃·日、243.3℃·日和105.7℃·日。各虫态耐高温能力强，43.3℃下4小时，对幼虫发育无明显影响。同时，对低温也有一定的忍耐力，蛹在零下12℃下数日仍不死亡。各地一般7—9月是为害盛期。夏季连续高温、干旱天气，在天敌减少的情况下，常易引发该虫大暴发。

■ **防治要点**

在卵孵高峰期可选用300亿PIB/毫升甜菜夜蛾核型多角体病毒悬浮剂5000倍液，其他参照"斜纹夜蛾"。

银纹夜蛾

学名 *Ctenoplusia agnate* (Staudinger)

银纹夜蛾属鳞翅目夜蛾科,分布于全国各地,主要为害甘蓝、芜菁、萝卜、白菜等十字花科蔬菜,也为害豆类、茄科蔬菜、莴苣、胡萝卜等。在田间以幼虫取食叶片,造成空洞和缺刻。

形态特征

成虫 体长12~17毫米,翅展约32毫米,全体灰褐色。前翅深褐色,有2条银色的横线纹,翅中央有1个"Y"形银色斑纹和1个近三角形的银色斑点。后翅暗褐色,有金属闪光。

卵 馒头形,直径0.5毫米左右,淡黄绿色。

幼虫 体长30毫米左右,淡绿色。身体前端较细,后端较粗,具白色双背线,白色亚背线。气门线黑色,气门黄色。第一对和第二对腹足退化,行走时体背拱曲。

蛹 体长约18毫米,背面褐色,腹面绿色,羽化前变为黑褐色,外围疏松的白色丝茧。

银纹夜蛾幼虫

银纹夜蛾蛹

发生特点

银纹夜蛾年发生代次从北到南3～6代,以蛹越冬。成虫夜间活动,常产卵于菜叶背面。幼虫孵化后,群集在卵壳附近取食,3龄以后分散为害。幼虫有假死性,老熟以后多在叶背面吐丝结茧化蛹。当湿度大、温度适宜时,有利于银纹夜蛾的发生和为害。

防治要点

一般不需要单独防治。如果发生较重,应以药剂防治为主。喷药防治的最佳时期为卵孵盛期至3龄幼虫以前,且在叶的正反两面都要喷到。药剂选用参照"斜纹夜蛾"。

葫芦夜蛾

学名 *Anadevidia peponis* (Fabricius)

葫芦夜蛾属鳞翅目夜蛾科，主要为害黄瓜、节瓜和葫芦等葫芦科蔬菜。在我国分布广泛。

■ 形态特征

成虫 体长15～21毫米，翅展37～41毫米。头部灰褐色，触角褐色，线状。胸部被褐色的浓密鳞毛，领片褐色，端部灰色。前翅灰褐色，中域和靠近外缘的区域颜色较深且有青金色闪光，基线不清楚，内横线灰色，中横线模糊，环形纹不清楚，肾形纹褐色，外横线褐色波浪形，亚缘线黑褐色，缘线灰褐色。后翅灰褐色，靠近外缘的区域颜色较深。腹部黄褐色。

幼虫 老熟幼虫体长35～40毫米，绿色，背线、亚背线、气门线黄白

葫芦夜蛾低龄幼虫

色。体前端细小,后端粗大,第一、二对腹足退化,第一至三节常向上拱起,体表具许多刺状突起。

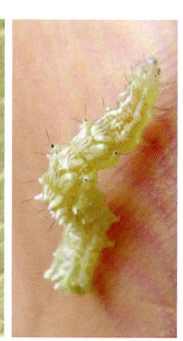

葫芦夜蛾不同龄期幼虫

葫芦夜蛾幼虫取食瓠瓜叶片

葫芦夜蛾为害瓠瓜瓜条

葫芦夜蛾老熟幼虫

葫芦夜蛾蛹

发生特点

葫芦夜蛾在广东年发生5～7代。主要以老熟幼虫在草丛中越冬。成虫有趋光性，卵散产于叶背。初龄幼虫食叶呈小孔，3龄后在近叶基1/4处将叶片咬成一弧圈，使叶片干枯，影响作物生长发育。老熟幼虫在叶背吐丝结薄茧化蛹。全年以8月发生较多。

防治要点

一般不需要单独防治。如果发生较重，应以药剂防治为主。药剂选用参照"斜纹夜蛾"。

附 录

一、蔬菜作物禁（限）用的农药品种*

主要用途	中文通用名	禁用原因
杀虫剂、杀螨剂、杀线虫剂	苯线磷、地虫硫磷、对硫磷、甲胺磷、甲基对硫磷、甲基硫环磷、久效磷、磷胺、特丁硫磷、蝇毒磷、治螟磷、甲拌磷、甲基异柳磷、硫环磷、氯唑磷、内吸磷、硫线磷、水胺硫磷、氧乐果、克百威、涕灭威、灭多威、灭线磷、杀扑磷	高毒
	艾氏剂、滴滴涕、狄氏剂、毒杀芬、林丹、硫丹、六六六	高残留，持久有机污染
	杀虫脒	慢性毒性、致癌
	氟虫腈、氟虫胺	对蜜蜂、水生生物等剧毒
	三唑磷、毒死蜱	农药残留超标风险高
	乐果、乙酰甲胺磷、丁硫克百威	代谢产物高毒高残留
	三氯杀螨醇	工业品种含有一定数量的滴滴涕
杀菌剂	敌枯双	致畸
	福美胂、福美甲胂、汞制剂、砷类、铅类	重金属残留、残毒
	硫酸链霉素	生物富集风险
除草剂	胺苯磺隆、甲磺隆、氯磺隆	残效期长，易药害
	百草枯	高毒且无特效解毒剂
	除草醚	致癌、致畸、致突变

续 表

主要用途	中文通用名	禁用原因
除草剂	2,4-滴丁酯	易药害,对水生生物高毒
杀鼠剂	氟乙酰胺、氟乙酸钠、毒鼠硅、毒鼠强、甘氟	剧毒
	磷化钙、磷化镁、磷化锌	高毒,易燃易爆
熏蒸剂	二溴乙烷、二溴氯丙烷、溴甲烷	致癌、致畸
	氯化苦	高残留

注:*根据《斯德哥尔摩公约》和农业农村部相关公告等整理汇总。根据《中华人民共和国食品安全法》《农药管理条例》等相关法律法规的规定,任何剧毒、高毒农药不得用于瓜果蔬菜生产。

二、瓜类蔬菜农药最大残留限量标准

农药名称	主要用途	最大残留限量/(毫克/千克)	农药名称	主要用途	最大残留限量/(毫克/千克)
胺苯磺隆	除草剂	0.01	氯酞酸	除草剂	0.01*
百草枯	除草剂	0.05*	氯酞酸甲酯	除草剂	0.01
丙炔氟草胺	除草剂	0.02	茅草枯	除草剂	0.01*
草枯醚	除草剂	0.01*	灭草环	除草剂	0.05*
草芽畏	除草剂	0.01*	三氟硝草醚	除草剂	0.01*
敌草腈	除草剂	0.01*	特乐酚	除草剂	0.01*
氟除草醚	除草剂	0.01*	抑草蓬	除草剂	0.05*
甲磺隆	除草剂	0.01	茚草酮	除草剂	0.01*
氯磺隆	除草剂	0.01	烯虫乙酯	杀虫剂	0.01*

续 表

农药名称	主要用途	最大残留限量/（毫克/千克）	农药名称	主要用途	最大残留限量/（毫克/千克）
辛硫磷	杀虫剂	0.05	六六六	杀虫剂	0.05
氧乐果	杀虫剂	0.02	氯丹	杀虫剂	0.02
乙酰甲胺磷	杀虫剂	0.02	灭蚁灵	杀虫剂	0.01
蝇毒磷	杀虫剂	0.05	七氯	杀虫剂	0.02
治螟磷	杀虫剂	0.01	异狄氏剂	杀虫剂	0.05
艾氏剂	杀虫剂	0.05	甲氨基阿维菌素苯甲酸盐	杀虫剂	0.007
滴滴涕	杀虫剂	0.05	氯氟氰菊酯和高效氯氟氰菊酯	杀虫剂	0.05
狄氏剂	杀虫剂	0.05	氯菊酯	杀虫剂	1
巴毒磷	杀虫剂	0.02*	氟啶虫酰胺	杀虫剂	0.2
倍硫磷	杀虫剂	0.05	螺虫乙酯	杀虫剂	0.2*
苯线磷	杀虫剂	0.02	氯氰菊酯和高效氯氰菊酯	杀虫剂	0.07
丙酯杀螨醇	杀虫剂	0.02*	溴氰虫酰胺	杀虫剂	0.3*
敌百虫	杀虫剂	0.2	乙基多杀菌素	杀虫剂	0.04*
敌敌畏	杀虫剂	0.2	噻虫嗪	杀虫剂	0.5
地虫硫磷	杀虫剂	0.01	氯虫苯甲酰胺	杀虫剂	0.3*
毒杀芬	杀虫剂	0.05*	丁硫克百威	杀虫剂	0.01

续 表

农药名称	主要用途	最大残留限量/（毫克/千克）	农药名称	主要用途	最大残留限量/（毫克/千克）
毒虫畏	杀虫剂	0.01	硫丹	杀虫剂	0.05
毒死蜱	杀虫剂	0.02	硫环磷	杀虫剂	0.03
对硫磷	杀虫剂	0.01	硫线磷	杀虫剂	0.02
多杀霉素	杀虫剂	0.2*	氯唑磷	杀虫剂	0.01
二溴磷	杀虫剂	0.01*	灭多威	杀虫剂	0.2
氟虫腈	杀虫剂	0.02	噻嗪酮	杀虫剂	0.7
氟啶虫胺腈	杀虫剂	0.5*	三唑磷	杀虫剂	0.05
庚烯磷	杀虫剂	0.01*	杀虫脒	杀虫剂	0.01
甲胺磷	杀虫剂	0.05	杀虫畏	杀虫剂	0.01
甲拌磷	杀虫剂	0.01	杀螟硫磷	杀虫剂	0.5
甲基对硫磷	杀虫剂	0.02	杀扑磷	杀虫剂	0.05
甲基硫环磷	杀虫剂	0.03*	水胺硫磷	杀虫剂	0.05
甲基异柳磷	杀虫剂	0.01*	特丁硫磷	杀虫剂	0.01*
甲萘威	杀虫剂	1	涕灭威	杀虫剂	0.03
甲氧滴滴涕	杀虫剂	0.01	烯虫炔酯	杀虫剂	0.01*
久效磷	杀虫剂	0.03	磷胺	杀虫剂	0.05
抗蚜威	杀虫剂	1	戊硝酚	杀虫剂、除草剂	0.01*
克百威	杀虫剂	0.02	内吸磷	杀虫剂、杀螨剂	0.02
乐果	杀虫剂	0.01	消螨酚	杀虫剂、杀螨剂	0.01*

续 表

农药名称	主要用途	最大残留限量/（毫克/千克）	农药名称	主要用途	最大残留限量/（毫克/千克）
速灭磷	杀虫剂、杀螨剂	0.01	氟噻唑吡乙酮	杀菌剂	0.2*
苯并烯氟菌唑	杀菌剂	0.2*	氟唑菌酰胺	杀菌剂	0.2*
苯酰菌胺	杀菌剂	2	三唑酮	杀菌剂	0.2
毒菌酚	杀菌剂	0.01*	敌螨普	杀菌剂	0.05*
粉唑醇	杀菌剂	0.3	格螨酯	杀螨剂	0.01*
活化酯	杀菌剂	0.8	环螨酯	杀螨剂	0.01*
氯苯甲醚	杀菌剂	0.01	联苯肼酯	杀螨剂	0.5
咪唑菌酮	杀菌剂	0.2	灭螨醌	杀螨剂	0.01
嗪氨灵	杀菌剂	0.5*	噻螨酮	杀螨剂	0.05
三唑醇	杀菌剂	0.2	三氯杀螨醇	杀螨剂	0.01
霜霉威和霜霉威盐酸盐	杀菌剂	5	乙酯杀螨醇	杀螨剂	0.01
氰霜唑	杀菌剂	0.09	螺甲螨酯	杀螨剂	0.09*
烯酰吗啉	杀菌剂	0.5	乐杀螨	杀螨剂、杀菌剂	0.05*
啶酰菌胺	杀菌剂	3	灭线磷	杀线虫剂	0.02
嘧菌酯	杀菌剂	1	溴甲烷	熏蒸剂	0.02*
苯菌酮	杀菌剂	0.56*	增效醚	增效剂	1
氟吡菌胺	杀菌剂	1*			

三、黄瓜农药最大残留限量标准

农药名称	主要用途	最大残留限量/（毫克/千克）	农药名称	主要用途	最大残留限量/（毫克/千克）
阿维菌素	杀虫剂	0.02	螺虫乙酯	杀虫剂	1*
联苯菊酯	杀虫剂、杀螨剂	0.5	氯氟氰菊酯和高效氯氟氰菊酯	杀虫剂	1
保棉磷	杀虫剂	0.2	氯菊酯	杀虫剂	0.5
吡丙醚	杀虫剂	0.05	氯氰菊酯和高效氯氰菊酯	杀虫剂	0.2
吡虫啉	杀虫剂	1	马拉硫磷	杀虫剂	0.2
吡蚜酮	杀虫剂	1	灭蝇胺	杀虫剂	1
虫螨腈	杀虫剂	0.5	氰戊菊酯和S-氰戊菊酯	杀虫剂	0.2
啶虫脒	杀虫剂	1	噻虫啉	杀虫剂	1
二嗪磷	杀虫剂	0.1	杀虫单	杀虫剂	2*
呋虫胺	杀虫剂	2	杀线威	杀虫剂	2*
氟苯脲	杀虫剂	0.5	虱螨脲	杀虫剂	0.09
氟吡呋喃酮	杀虫剂	0.4*	溴氰虫酰胺	杀虫剂	0.2*
氟啶虫酰胺	杀虫剂	1	乙基多杀菌素	杀虫剂	1*
甲氨基阿维菌素苯甲酸盐	杀虫剂	0.02	异丙威	杀虫剂	0.5
苦参碱	杀虫剂	5*	双丙环虫酯	杀虫剂	0.1*
硫酰氟	杀虫剂	0.05*	鱼藤酮	杀虫剂	0.05

续表

农药名称	主要用途	最大残留限量/（毫克/千克）	农药名称	主要用途	最大残留限量/（毫克/千克）
福美锌	杀菌剂	5	苯菌酮	杀菌剂	0.2*
腐霉利	杀菌剂	2	嘧霉胺	杀菌剂	2
咯菌腈	杀菌剂	0.5	灭菌丹	杀菌剂	1
环酰菌胺	杀菌剂	1*	宁南霉素	杀菌剂	1*
己唑醇	杀菌剂	1	氰霜唑	杀菌剂	0.5
甲苯氟磺胺	杀菌剂	1	噻霉酮	杀菌剂	0.1*
甲基硫菌灵	杀菌剂	2	噻唑锌	杀菌剂	0.5*
甲霜灵和精甲霜灵	杀菌剂	0.5	三乙膦酸铝	杀菌剂	30*
腈苯唑	杀菌剂	0.2	三唑酮	杀菌剂	0.1
腈菌唑	杀菌剂	1	申嗪霉素	杀菌剂	0.3*
克菌丹	杀菌剂	5	双胍三辛烷基苯磺酸盐	杀菌剂	2*
喹啉铜	杀菌剂	2	双炔酰菌胺	杀菌剂	0.2*
联苯三唑醇	杀菌剂	0.5	霜脲氰	杀菌剂	0.5
咪鲜胺和咪鲜胺锰盐	杀菌剂	1	四氟醚唑	杀菌剂	0.5
醚菌酯	杀菌剂	0.5	肟菌酯	杀菌剂	0.3
嘧菌环胺	杀菌剂	0.2	戊菌唑	杀菌剂	0.1
嘧菌酯	杀菌剂	0.5	戊唑醇	杀菌剂	1
胺苯吡菌酮	杀菌剂	0.7*	烯肟菌胺	杀菌剂	1*
百菌清	杀菌剂	5	烯肟菌酯	杀菌剂	1

续 表

农药名称	主要用途	最大残留限量/(毫克/千克)	农药名称	主要用途	最大残留限量/(毫克/千克)
苯氟磺胺	杀菌剂	5	烯酰吗啉	杀菌剂	5
苯醚甲环唑	杀菌剂	1	硝苯菌酯	杀菌剂	2*
苯醚菌酯	杀菌剂	0.5*	溴菌腈	杀菌剂	0.5*
吡唑醚菌酯	杀菌剂	0.5	乙霉威	杀菌剂	5
吡唑萘菌胺	杀菌剂	0.5*	乙嘧酚	杀菌剂	1
丙森锌	杀菌剂	5	乙蒜素	杀菌剂	0.1*
春雷霉素	杀菌剂	0.2*	乙烯菌核利	杀菌剂	1*
代森铵	杀菌剂	5	异菌脲	杀菌剂	2
代森联	杀菌剂	5	抑霉唑	杀菌剂	0.5
代森锰锌	杀菌剂	5	唑胺菌酯	杀菌剂	1*
代森锌	杀菌剂	5	唑菌酯	杀菌剂	1*
敌磺钠	杀菌剂	0.5*	唑嘧菌胺	杀菌剂	1*
敌菌灵	杀菌剂	10	吡噻菌胺	杀菌剂	0.5
敌螨普	杀菌剂	0.07*	多果定	杀菌剂	0.05*
丁吡吗啉	杀菌剂	10*	氟唑菌酰羟胺	杀菌剂	0.5*
丁香菌酯	杀菌剂	0.5*	缬菌胺	杀菌剂	2*
啶酰菌胺	杀菌剂	5	乙嘧酚磺酸酯	杀菌剂	0.5
啶氧菌酯	杀菌剂	0.5	四聚乙醛	杀螺剂	0.1
多菌灵	杀菌剂	2	苯丁锡	杀螨剂	0.5

续表

农药名称	主要用途	最大残留限量/（毫克/千克）	农药名称	主要用途	最大残留限量/（毫克/千克）
多抗霉素	杀菌剂	0.5*	哒螨灵	杀螨剂	0.1
噁霉灵	杀菌剂	0.5*	螺甲螨酯	杀螨剂	0.15*
噁霜灵	杀菌剂	5	螺螨酯	杀螨剂	0.07
噁唑菌酮	杀菌剂	1	双甲脒	杀螨剂	0.5
氟吡菌胺	杀菌剂	0.5*	四螨嗪	杀螨剂	0.5
氟吡菌酰胺	杀菌剂	0.5*	溴螨酯	杀螨剂	0.5
氟啶胺	杀菌剂	0.3	乙螨唑	杀螨剂	0.02
氟硅唑	杀菌剂	1	唑螨酯	杀螨剂	0.3
氟菌唑	杀菌剂	0.2*	氟噻虫砜	杀线虫剂	0.7*
氟吗啉	杀菌剂	2*	噻唑膦	杀线虫剂	0.2
氟醚菌酰胺	杀菌剂	0.5*	威百亩	杀线虫剂	0.05*
氟嘧菌酯	杀菌剂	1	氟烯线砜	杀线虫剂	0.5*
氟噻唑吡乙酮	杀菌剂	0.3*	氯吡脲	植物生长调节剂	0.1
氟唑菌酰胺	杀菌剂	0.3*	萘乙酸和萘乙酸钠	植物生长调节剂	0.1
福美双	杀菌剂	5	噻苯隆	植物生长调节剂	0.05

四、冬瓜农药最大残留限量标准

农药名称	主要用途	最大残留限量/（毫克/千克）	农药名称	主要用途	最大残留限量/（毫克/千克）
吡虫啉	杀虫剂	0.1	啶酰菌胺	杀菌剂	1
啶虫脒	杀虫剂	0.2	氟啶胺	杀菌剂	0.2
噻虫嗪	杀虫剂	0.2	氰霜唑	杀菌剂	0.7
氰戊菊酯	杀虫剂	0.05	乙嘧酚	杀菌剂	0.5
百菌清	杀菌剂	5	代森锌	杀菌剂	1
苯醚甲环唑	杀菌剂	0.1	四聚乙醛	杀螺剂	0.1
吡唑醚菌酯	杀菌剂	0.3	啶酰菌胺	杀菌剂	1

五、南瓜农药最大残留限量标准

农药名称	主要用途	最大残留限量/（毫克/千克）	农药名称	主要用途	最大残留限量/（毫克/千克）
扑草净	除草剂	0.1	代森联	杀菌剂	0.2
异丙甲草胺和精异丙甲草胺	除草剂	0.05	代森锰锌	杀菌剂	0.2
异噁草酮	除草剂	0.05	代森锌	杀菌剂	0.2
吡虫啉	杀虫剂	0.1	啶酰菌胺	杀菌剂	2
啶虫脒	杀虫剂	1	氟啶胺	杀菌剂	0.5
氰戊菊酯和S-氰戊菊酯	杀虫剂	0.2	福美双	杀菌剂	0.2

续表

农药名称	主要用途	最大残留限量/(毫克/千克)	农药名称	主要用途	最大残留限量/(毫克/千克)
噻虫嗪	杀虫剂	0.2	嘧菌酯	杀菌剂	3
百菌清	杀菌剂	5	氰霜唑	杀菌剂	3
苯醚甲环唑	杀菌剂	1	烯酰吗啉	杀菌剂	2
吡唑醚菌酯	杀菌剂	2	乙嘧酚	杀菌剂	1
丙森锌	杀菌剂	0.2			

六、丝瓜农药最大残留限量标准

农药名称	主要用途	最大残留限量/(毫克/千克)	农药名称	主要用途	最大残留限量/(毫克/千克)
阿维菌素	杀虫剂	0.02	啶酰菌胺	杀菌剂	0.3
吡虫啉	杀虫剂	0.5	噁霉灵	杀菌剂	0.2*
氯虫苯甲酰胺	杀虫剂	0.5*	氟啶胺	杀菌剂	0.2
灭蝇胺	杀虫剂	10	咪鲜胺和咪鲜胺锰盐	杀菌剂	0.5
氰戊菊酯和S-氰戊菊酯	杀虫剂	0.2	嘧菌酯	杀菌剂	2
噻虫嗪	杀虫剂	0.2	氰霜唑	杀菌剂	2
百菌清	杀菌剂	5	甲基硫菌灵	杀菌剂	10
苯醚甲环唑	杀菌剂	0.5	四聚乙醛	杀螺剂	0.1
吡唑醚菌酯	杀菌剂	1			

七、苦瓜农药最大残留限量标准

农药名称	主要用途	最大残留限量/(毫克/千克)	农药名称	主要用途	最大残留限量/(毫克/千克)
阿维菌素	杀虫剂	0.05	苯醚甲环唑	杀菌剂	1
吡虫啉	杀虫剂	0.1	吡唑醚菌酯	杀菌剂	3
啶虫脒	杀虫剂	0.5	丙森锌	杀菌剂	2
甲氨基阿维菌素苯甲酸盐	杀虫剂	0.02	多菌灵	杀菌剂	0.3
氯虫苯甲酰胺	杀虫剂	2*	噁霉灵	杀菌剂	1*
氯氟氰菊酯和高效氯氟氰菊酯	杀虫剂	0.2	氟啶胺	杀菌剂	0.2
灭蝇胺	杀虫剂	2	氰霜唑	杀菌剂	2
噻虫嗪	杀虫剂	0.2	戊唑醇	杀菌剂	2
百菌清	杀菌剂	5	代森锰锌	杀菌剂	5

八、西葫芦农药最大残留限量标准

农药名称	主要用途	最大残留限量/(毫克/千克)	农药名称	主要用途	最大残留限量/(毫克/千克)
阿维菌素	杀虫剂	0.01	氟吡呋喃酮	杀虫剂	0.2*
吡虫啉	杀虫剂	1	甲氨基阿维菌素苯甲酸盐	杀虫剂	0.02
二嗪磷	杀虫剂	0.05	啶虫脒	杀虫剂	0.2

续 表

农药名称	主要用途	最大残留限量/（毫克/千克）	农药名称	主要用途	最大残留限量/（毫克/千克）
氯氟氰菊酯和高效氯氟氰菊酯	杀虫剂	0.2	代森联	杀菌剂	3
氯菊酯	杀虫剂	0.5	代森锰锌	杀菌剂	3
马拉硫磷	杀虫剂	0.1	环酰菌胺	杀菌剂	1*
灭蝇胺	杀虫剂	2	甲霜灵和精甲霜灵	杀菌剂	0.2
氰戊菊酯和S-氰戊菊酯	杀虫剂	0.2	腈苯唑	杀菌剂	0.05
噻虫啉	杀虫剂	0.3	咪鲜胺和咪鲜胺锰盐	杀菌剂	1
百菌清	杀菌剂	5	嘧菌环胺	杀菌剂	0.2
多菌灵	杀菌剂	0.5	嘧菌酯	杀菌剂	3
噁霉灵	杀菌剂	2*	宁南霉素	杀菌剂	0.05*
噁唑菌酮	杀菌剂	0.2	双炔酰菌胺	杀菌剂	0.2*
福美双	杀菌剂	3	戊菌唑	杀菌剂	0.06
咯菌腈	杀菌剂	0.5	戊唑醇	杀菌剂	0.2
苯菌酮	杀菌剂	0.06*	硝苯菌酯	杀菌剂	0.07*
苯醚甲环唑	杀菌剂	0.3	三唑酮	杀菌剂	1
吡唑醚菌酯	杀菌剂	1	霜霉威	杀菌剂	1

续 表

农药名称	主要用途	最大残留限量/（毫克/千克）	农药名称	主要用途	最大残留限量/（毫克/千克）
丙森锌	杀菌剂	3	溴螨酯	杀螨剂	0.5
代森锌	杀菌剂	3	氟噻虫砜	杀线虫剂	0.7*
敌螨普	杀菌剂	0.07*			

九、瓜果类蔬菜病虫绿色防控常用药剂索引表

商标、含量及剂型	中文通用名	主要防治对象
阿克白50%可湿性粉剂	烯酰吗啉	黄瓜猝倒病、霜霉病、疫病，丝瓜霜霉病、绵腐病，南瓜霜霉病、疫病，冬瓜绵腐病，西葫芦疫病等
阿克泰25%水分散粒剂	噻虫嗪	瓜蚜、烟粉虱
阿立卡22%微囊悬浮-悬浮剂	噻虫·高氯氟	瓜蚜
阿米多彩560克/升悬浮剂	嘧菌·百菌清	黄瓜枯萎病，瓠瓜枯萎病
阿米妙收325克/升悬浮剂	苯甲·嘧菌酯	黄瓜枯萎病、炭疽病、蔓枯病，瓠瓜枯萎病、褐斑病、蔓枯病，冬瓜蔓枯病等
阿砣22.5%悬浮剂	啶氧菌酯	黄瓜炭疽病、瓠瓜褐斑病
艾法迪22%悬浮剂	氰氟虫腙	斜纹夜蛾、甜菜夜蛾、银纹夜蛾、葫芦夜蛾
艾绿士60克/升悬浮剂	乙基多杀菌素	美洲斑潜蝇、瓜绢螟、棕榈蓟马、南亚果实蝇
爱多收1.8%水剂	复硝酚钠	黄瓜病毒病、瓠瓜病毒病、丝瓜病毒病、南瓜病毒病、西葫芦病毒病等

续表

商标、含量及剂型	中文通用名	主要防治对象
爱卡螨43%悬浮剂	联苯肼酯	朱砂叶螨
安绿丰1.5%微囊悬浮剂	精高效氯氟氰菊酯	美洲斑潜蝇、瓜蚜
安泰生70%可湿性粉剂	丙森锌	黄瓜蔓枯病、瓠瓜蔓枯病、冬瓜蔓枯病等
百泰60%水分散粒剂	唑醚·代森联	黄瓜霜霉病、疫病、蔓枯病、丝瓜霜霉病、绵腐病、南瓜霜霉病、疫病、冬瓜绵腐病、蔓枯病、西葫芦疫病、瓠瓜蔓枯病等
宝卓30%悬浮剂	乙唑螨腈	朱砂叶螨
倍内威10%可分散油悬浮剂	溴氰虫酰胺	美洲斑潜蝇、瓜蚜、瓜绢螟、棕榈蓟马、烟粉虱、黄足黄守瓜、黑足黄守瓜、南亚果实蝇、斜纹夜蛾、甜菜夜蛾、银纹夜蛾、葫芦夜蛾
碧翠16%水分散粒剂	二氰·吡唑酯	黄瓜炭疽病、瓠瓜褐斑病
碧生20%悬浮剂	噻唑锌	黄瓜细菌性角斑病
除尽10%悬浮剂	虫螨腈	瓜绢螟
达文西60%水分散粒剂	氟吗啉·唑嘧菌胺	黄瓜霜霉病、疫病、丝瓜霜霉病、绵腐病、南瓜霜霉病、疫病、冬瓜绵腐病、西葫芦疫病等
大生80%可湿性粉剂	代森锰锌	黄瓜霜霉病、疫病、丝瓜霜霉病、绵腐病、南瓜霜霉病、疫病、冬瓜绵腐病、西葫芦疫病等
德劲47%悬浮剂	烯酰·唑嘧菌	黄瓜霜霉病、疫病、丝瓜霜霉病、绵腐病、南瓜霜霉病、疫病、冬瓜绵腐病、西葫芦疫病等
度锐300克/升悬浮剂	氯虫·噻虫嗪	黄足黄守瓜、黄足黑守瓜、斜纹夜蛾、甜菜夜蛾、银纹夜蛾、葫芦夜蛾

续　表

商标、含量及剂型	中文通用名	主要防治对象
福利星48%悬浮剂	噻虫胺	黄足黄守瓜、黄足黑守瓜
福气多10%颗粒剂	噻唑膦	黄瓜根结线虫病、丝瓜根结线虫病、苦瓜根结线虫病
富多宝53%水分散粒剂	烯酰·代森联	黄瓜霜霉病、疫病，丝瓜霜霉病、绵腐病，南瓜霜霉病、疫病，冬瓜绵腐病，西葫芦疫病等
格力高100克/升悬浮剂	溴虫氟苯双酰胺	斜纹夜蛾、甜菜夜蛾、银纹夜蛾、葫芦夜蛾
根卫0.5%颗粒剂	噻虫胺	黄足黄守瓜、黄足黑守瓜
好力克430克/升悬浮剂	戊唑醇	黄瓜炭疽病、瓠瓜褐斑病
卉友50%可湿性粉剂	咯菌腈	黄瓜灰霉病、菌核病，瓠瓜灰霉病，西葫芦菌核病等
加瑞农47%可湿性粉剂	春雷·王铜	黄瓜细菌性角斑病
加收米2%水剂	春雷霉素	黄瓜细菌性角斑病
健达42.4%悬浮剂	唑醚·氟酰胺	黄瓜白粉病、瓠瓜白粉病、丝瓜白粉病、南瓜白粉病、西葫芦白粉病、苦瓜白粉病等
健攻12%悬浮液	苯甲·氟酰胺	黄瓜白粉病、瓠瓜白粉病、丝瓜白粉病、南瓜白粉病、西葫芦白粉病、苦瓜白粉病等
金雷68%水分散粒剂	精甲霜·锰锌	黄瓜猝倒病、霜霉病、疫病，丝瓜霜霉病、绵腐病，南瓜霜霉病、疫病，冬瓜绵腐病，西葫芦疫病等
金满枝20%悬浮剂	丁氟螨酯	朱砂叶螨
卡拉生36%乳油	硝苯菌酯	黄瓜白粉病、瓠瓜白粉病、丝瓜白粉病、南瓜白粉病、西葫芦白粉病、苦瓜白粉病等

续 表

商标、含量及剂型	中文通用名	主要防治对象
卡死克5%乳油	氟虫脲	斜纹夜蛾、甜菜夜蛾、银纹夜蛾、葫芦夜蛾
凯恩150克/升乳油	茚虫威	斜纹夜蛾、甜菜夜蛾、银纹夜蛾、葫芦夜蛾、瓜绢螟
凯津38%水分散粒剂	唑醚·啶酰菌	黄瓜白粉病、瓠瓜白粉病、丝瓜白粉病、南瓜白粉病、西葫芦白粉病、苦瓜白粉病等
凯润250克/升乳油	吡唑醚菌酯	黄瓜炭疽病、瓠瓜褐斑病
凯特18.7%水分散粒剂	烯酰·吡唑酯	黄瓜霜霉病、疫病、丝瓜霜霉病、绵腐病，南瓜霜霉病、疫病、冬瓜绵腐病，西葫芦疫病等
凯泽50%水分散粒剂	啶酰菌胺	黄瓜灰霉病、菌核病、瓠瓜灰霉病、西葫芦菌核病等
可杀得叁千46%水分散粒剂	氢氧化铜	黄瓜枯萎病、细菌性角斑病、瓠瓜枯萎病等
克露72%可湿性粉剂	霜脲·锰锌	黄瓜霜霉病、疫病、丝瓜霜霉病、绵腐病，南瓜霜霉病、疫病、冬瓜绵腐病，西葫芦疫病等
来福禄110克/升悬浮剂	乙螨唑	朱砂叶螨
雷通240克/升悬浮剂	甲氧虫酰肼	瓜绢螟、黄足黄守瓜、黄足黑守瓜、斜纹夜蛾、甜菜夜蛾、银纹夜蛾、葫芦夜蛾
隆施10%水分散粒剂	氟啶虫酰胺	瓜蚜、棕榈蓟马、烟粉虱
路富达41.7%悬浮剂	氟吡菌酰胺	黄瓜根结线虫病、丝瓜根结线虫病、苦瓜根结线虫病
露娜润35%悬浮剂	氟菌·戊唑醇	黄瓜炭疽病、瓠瓜褐斑病

续 表

商标、含量及剂型	中文通用名	主要防治对象
露娜森43%悬浮剂	氟菌·肟菌酯	黄瓜白粉病、瓠瓜白粉病、丝瓜白粉病、南瓜白粉病、西葫芦白粉病、苦瓜白粉病等
绿妃29%悬浮剂	吡萘·嘧菌酯	黄瓜白粉病、瓠瓜白粉病、丝瓜白粉病、南瓜白粉病、西葫芦白粉病、苦瓜白粉病等
满肃静30%悬浮剂	腈吡螨酯	朱砂叶螨
螨即死95克/升乳油	喹螨醚	朱砂叶螨
螨危240克/升悬浮剂	螺螨酯	朱砂叶螨
美除50克/升乳油	虱螨脲	斜纹夜蛾、甜菜夜蛾、银纹夜蛾、葫芦夜蛾
拿敌稳75%水分散粒剂	肟菌·戊唑醇	黄瓜炭疽病，瓠瓜褐斑病
品润70%水分散粒剂	代森联	黄瓜霜霉病、疫病、蔓枯病，丝瓜霜霉病、绵腐病，南瓜霜霉病、疫病，冬瓜绵腐病、蔓枯病，西葫芦疫病，瓠瓜蔓枯病等
扑海因50%可湿性粉剂	异菌脲	黄瓜灰霉病、菌核病，瓠瓜灰霉病，西葫芦菌核病等
普力克72.2%水剂	霜霉威盐酸盐	黄瓜猝倒病、霜霉病、疫病，丝瓜霜霉病、绵腐病，南瓜霜霉病、疫病，冬瓜绵腐病，西葫芦疫病等
锐收果香400克/升悬浮剂	氯氟醚·吡唑酯	黄瓜炭疽病、瓠瓜褐斑病
瑞凡23.4%悬浮剂	双炔酰菌胺	黄瓜猝倒病、霜霉病、疫病，丝瓜霜霉病、绵腐病，南瓜霜霉病、疫病，冬瓜绵腐病，西葫芦疫病等
瑞镇50%水分散粒剂	嘧菌环胺	黄瓜灰霉病、菌核病，瓠瓜灰霉病，西葫芦菌核病等

续 表

商标、含量及剂型	中文通用名	主要防治对象
施佳乐40%悬浮剂	嘧霉胺	黄瓜灰霉病、菌核病、瓠瓜灰霉病、西葫芦菌核病等
世高10%水分散粒剂	苯醚甲环唑	黄瓜蔓枯病、白粉病、炭疽病、瓠瓜蔓枯病、白粉病、褐斑病、冬瓜蔓枯病、丝瓜白粉病、南瓜白粉病、西葫芦白粉病、苦瓜白粉病等
特福力22%悬浮剂	氟啶虫胺腈	瓜蚜、棕榈蓟马、烟粉虱
仙生62.25%可湿性粉剂	腈菌唑·锰锌	黄瓜白粉病、瓠瓜白粉病、丝瓜白粉病、南瓜白粉病、西葫芦白粉病、苦瓜白粉病
抑太保50克/升乳油	氟啶脲	斜纹夜蛾、甜菜夜蛾、银纹夜蛾、葫芦夜蛾
易保68.75%水分散粒剂	噁酮·锰锌	黄瓜霜霉病、疫病、丝瓜霜霉病、绵腐病、南瓜霜霉病、疫病、冬瓜绵腐病、西葫芦疫病等
银法利687.5克/升悬浮剂	氟菌·霜霉威	黄瓜猝倒病、霜霉病、疫病、丝瓜霜霉病、绵腐病、南瓜霜霉病、疫病、冬瓜绵腐病、西葫芦疫病等
英腾42%悬浮剂	苯菌酮	黄瓜白粉病、瓠瓜白粉病、丝瓜白粉病、南瓜白粉病、西葫芦白粉病、苦瓜白粉病
英威50克/升可分散液剂	双丙环虫酯	瓜蚜
增威赢倍31%%悬浮剂	噁酮·氟噻唑	黄瓜霜霉病、疫病、丝瓜霜霉病、绵腐病、南瓜霜霉病、疫病、冬瓜绵腐病、西葫芦疫病等

十、配置不同浓度药液所需农药换算表

农药稀释倍数	需配制药液量/升								
	1	2	3	4	5	10	20	30	40
50	20.00	40.00	60.00	80.00	100.00	200.00	400.00	600.00	800.00
100	10.00	20.00	30.00	40.00	50.00	100.00	200.00	300.00	400.00
200	5.00	10.00	15.00	20.00	25.00	50.00	100.00	150.00	200.00
300	3.40	6.70	10.00	13.40	16.70	34.00	67.00	100.00	134.00
400	2.50	5.00	7.50	10.00	12.50	25.00	50.00	75.00	100.00
500	2.00	4.00	6.00	8.00	10.00	20.00	40.00	60.00	80.00
1000	1.00	2.00	3.00	4.00	5.00	10.00	20.00	30.00	40.00
2000	0.50	1.00	1.50	2.00	2.50	5.00	10.00	15.00	20.00
3000	0.34	0.67	1.00	1.34	1.70	3.40	6.70	10.00	13.40
4000	0.25	0.50	0.75	1.00	1.25	2.50	5.00	7.50	10.00
5000	0.20	0.40	0.60	0.80	1.00	2.00	4.00	6.00	8.00

[例1] 某农药使用浓度为3000倍，使用的喷雾机容量为30升，配制1桶药液需加入的农药量为多少？

先在农药稀释倍数栏中查到3000倍，再在需配制药液量目标值的表栏中查30升的对应值，两栏交叉点为10.0克或毫升，即为查对换算所需加入的农药量。

[例2] 某农药使用浓度为1000倍，使用的喷雾机容量为12.5升，配制1桶药液需加入的农药量为多少？

先在农药稀释倍数栏中查到1000倍，再在配制药液量目标值的表栏中查10升、2升、1升的对应值，两栏交叉点分别为10.0、2.0、1.0，1升对应的表值为1.0，则0.5升为0.5，累计得12.5克或毫升，即为查对换算所需加入的农药量。

[例3] 某农药使用浓度为1500倍，使用的喷雾机容量为7.5升，配制1桶药液需加入的农药量为多少？

本例中所使用的农药浓度和喷雾剂容量都不是表中的标准数据，对于此类情况可以直接用下列公式计算：

所需的农药制剂数量（克或毫升）＝
［配制药液的目标数量（千克或升）÷农药稀释倍数］×1000

本例所需加入的农药量为（7.5÷1500）×1000＝5（克或毫升）。上述公式对例1和例2同样适用。

十一、国内外农药标签和说明书上的常见符号

a.i.（active ingredient） 有效成分

ADI（acceptable daily intake） 每日允许摄入量

AS（aqueous solution） 水剂

CS（capsule suspension） 微囊悬浮剂

DC（dispersible concentrate） 可分散液剂

DP（dustable powder） 粉剂

EC（emulsifiable concentrate） 乳油

EW（emulsion, oil in water） 水乳剂

FU（smoke generator） 烟剂

GR（granule） 颗粒剂

KT_{50}（median knockdown time） 击倒中时间

LC_{50}（median lethal concertation） 致死中浓度

LD_{50}（median lethal dose） 致死中量

LT_{50}（median lethal time） 致死中时间

MAC［maximum（maximal）allowable concentration］ 最大允许浓度

ME（micro-emulsion） 微乳剂

NPV（nuclear polyhedrosis virus） 核多角体病毒

RB（bait） 饵剂

SC（suspension concentrate） 悬浮剂

SG（water soluble granule） 可溶粒剂

ULV spray（ultra low volume spray） 超低容量喷雾

WG（water dispersible granule） 水分散粒剂

WP（wettable powder） 可湿性粉剂

WT（water dispersible tablet） 水分散片剂

主要参考文献

[1] 李惠明. 蔬菜病虫害诊断与防治实用手册[M]. 上海：上海科学技术出版社, 2012.

[2] 中国农业科学院植物保护研究所, 中国植物保护学会. 中国农作物病虫害[M]. 3版. 北京：中国农业出版社, 2014.

[3] 郑永利, 吴慧明, 周小军, 等. 绿色高效农药使用手册[M]. 北京：中国农业科学技术出版社, 2019.

[4] 谢学文, 李宝聚. 南瓜霜霉病的发生规律及防治技术[J]. 中国蔬菜, 2016（6）：84-85.

[5] 王汉荣, 任海英, 方丽, 等. 南瓜疫病的识别与防治[J]. 中国蔬菜, 2008（1）：55-56.

[6] 陈振德, 王佩圣, 周英. 不同砧木对黄瓜产量、品质及枯萎病抗性的影响[J]. 中国蔬菜, 2010（10）：51-54.

[7] 熊艳, 王鹤冰, 向华丰, 等. 黄瓜霜霉病研究进展[J]. 中国农学通报, 2016, 32（1）：130-135.

[8] 李艳敏, 臧宪朋, 王荣州, 等. 2012—2013年浙江省黄瓜绿斑驳花叶病毒病的检测及防控[J]. 浙江农业科学, 2013（11）：1409-1410, 1465.

[9] 吴新义, 吴晓花, 徐沛, 等. 瓠瓜CGMMV的综合防控策略[J]. 浙江农业科学, 2016, 57（6）：895-898.

[10] 姚士桐, 郑永利. 烟粉虱成虫对不同色彩的趋性差异及其在色板上分布研究[J]. 上海农业学报, 2008, 24（1）：85-86.

[11] 吴华新, 姚士桐, 郑永利. 蔬菜微小害虫粘虫板诱杀技术[J]. 中国蔬菜, 2010（13）：23-24.

[12] 王泽华, 宫亚军, 魏书军, 等. 朱砂叶螨的识别与防治[J]. 中国蔬

菜，2013（5）：27-28.

［13］王凯，吴娇娇，张帅，等. 瓜绢螟的识别及绿色防控［J］. 中国生物防治学报，2021，37（6）：1363-1368.

［14］袁琳琳，李芬，潘雪莲，等. 外来入侵害虫棕榈蓟马的研究进展［J］. 热带生物学报，2021，12（1）：132-138.

［15］赵钢. 蔬菜棕榈蓟马灾变规律及监控技术研究［D］. 扬州大学，2003.

［16］闫明辉，李静静，刘佳磊，等. 瓜菜害虫Q型烟粉虱 *Bemisia tabaci*（Gennadias）形态特征研究［J］. 中国瓜菜，2021，34（8）：15-20.

［17］陈宏，陈波，彭永康. 黄守瓜、黄足黑守瓜成虫对瓜类苗期危害的研究［J］. 天津师范大学学报（自然科学版），2002（2）：65-69.